U0266217

新型碳点@无机微孔复合材料的合成及其发光性能研究

刘健聪　著

黑龍江大學出版社
HEILONGJIANG UNIVERSITY PRESS
哈尔滨

图书在版编目（CIP）数据

新型碳点@无机微孔复合材料的合成及其发光性能研究 / 刘健聪著. -- 哈尔滨 : 黑龙江大学出版社, 2020.6
ISBN 978-7-5686-0418-5

Ⅰ. ①新… Ⅱ. ①刘… Ⅲ. ①无机材料－多孔性材料－发光材料－研究 Ⅳ. ①TB3

中国版本图书馆CIP数据核字(2020)第083157号

新型碳点@无机微孔复合材料的合成及其发光性能研究
XINXING TANDIAN @ WUJI WEIKONG FUHE CAILIAO DE HECHENG JI QI FAGUANG XINGNENG YANJIU
刘健聪　著

责任编辑　肖嘉慧
出版发行　黑龙江大学出版社
地　　址　哈尔滨市南岗区学府三道街36号
印　　刷　哈尔滨市石桥印务有限公司
开　　本　720毫米×1000毫米　1/16
印　　张　13.75
字　　数　218千
版　　次　2020年6月第1版
印　　次　2020年6月第1次印刷
书　　号　ISBN 978-7-5686-0418-5
定　　价　42.00元

前　言

长余辉发光材料是一类可以在激发光源停止之后依旧显示出长时间发光现象的材料，其独特的发光性能使其在照明、防伪、精密探测及生物成像等领域具有广阔的应用前景。近年来，以磷光及延迟荧光材料为主的有机长余辉发光材料因其廉价、绿色、荧光量子效率高等特点逐渐受到人们的关注。然而，有机分子的激发态一般较为活跃，三重态能量很容易通过分子的振动转动、三重态 - 三重态淬灭、分子间能量传递等方式以非辐射跃迁的形式被耗散，其磷光/延迟荧光寿命通常处于若干微秒到毫秒的范围。因此，有效抑制非辐射跃迁过程、稳定三重态能量是实现长余辉发光现象的关键。

近年来，碳点（CD）作为一类新型的荧光纳米材料受到广泛关注，其毒性低、生物相容性良好、光稳定性好、光电转化和光催化性能优良等诸多优点使其能够应用于生物成像、药物运载、太阳能电池、发光二极管、化学传感等领域。其中，一类基于碳点的长寿命室温磷光材料被报道出来，选择合适的基质材料以便有效限制碳点表面官能团的振动转动、稳定其三重激发态是实现长寿命磷光/延迟荧光的关键。以分子筛为代表的无机微孔晶体材料具有规则的纳米孔道结构、良好的热稳定性和化学稳定性，是一类理想的主体骨架材料。我们预期其纳米孔道可以有效地限域客体碳点材料，从而有利于稳定其三重激发态，促进长余辉发光性能。同时，分子筛的水热、溶剂热合成方法很适合碳点的原位引入：分子筛合成所需的有机胺和溶剂同时可以作为碳点合成的原材料；碳点和分子筛材料都可在水热或溶剂热条件下合成，相似的合成条件为碳点与分子筛晶体的原位复合提供了可能性。

本书提出了“量子点于分子筛中”的合成策略，在水热/溶剂热条件下将碳点原位封装在分子筛晶体之中，利用分子筛的纳米空间限域作用有效限制碳点表面官能基团的振转、稳定三重激发态，开发出一系列具有超长寿命的热致延迟荧光（TADF）材料。同时，我们选取相同的分子筛主体材料，通过调控合成所需的有机模板剂，进而调变碳点的发光能态，合成出两种具有不同室温磷光及热致延迟荧光发光现象的碳点@分子筛复合材料。此外，在溶剂热条件下合成了一例新型锗酸盐开放骨架化合物，碳点在原位合成过程中被限域在晶体材料之中，复合材料展现出激发波长依赖的和温度响应的光致发光行为。

本书取得的主要结果如下：

(1)我们提出了“量子点于分子筛中”的新颖合成策略，通过水热/溶剂热合成方法，将碳点原位限域在分子筛晶体之中，成功开发出一系列全新的具有超长寿命的热致延迟荧光材料（CDs@AlPO-5、CDs@MgAPO-5和CDs@2D-AlPO复合材料）。通过该方法制备的碳点@分子筛复合材料在室温空气条件下即可展现出高达52.14%的荧光量子效率和长达350 ms的延迟荧光寿命。这种独特的热致延迟荧光发光现象是因为分子筛的纳米空间限域作用可以有效地限制碳点表面官能基团的振转，稳定三重激发态；材料较小的单重态-三重态能级差（ΔE_{ST}）使电子在室温热能活化下即可实现从三重激发态到单重激发态的反系间窜跃过程，从而导致了热致延迟荧光发光现象。此外，分子筛基质可以有效阻隔空气中的氧气，避免三重激发态遇分子氧的猝灭，使得材料在空气环境下展现出延迟荧光现象。

(2)采用溶剂热合成方法，分别以N-(2-氨基乙基)吗啉和4,7,10-三氧-1,13-十三烷二胺为有机模板剂，原位合成了两种在室温空气环境下展现出不同的室温磷光及热致延迟荧光发光现象的碳点@分子筛复合材料（分别命名为CDs@SBT-1、CDs@SBT-2）。两种材料均以具有SBT分子筛拓扑结构的锌掺杂的磷酸铝分子筛作为主体无机骨架材料，不同的有机模板剂改变了生成的碳点的结构与组成，进而调变了碳点的发光能态。CDs@SBT-1、CDs@SBT-2复合材料的ΔE_{ST}分别为0.36 eV及0.18 eV。因在室温下分子筛基质材料能有效地稳定碳点三重激发态，ΔE_{ST}较大的CDs@SBT-1复合材料主要呈现出寿命达574 ms的磷光发光，CDs@SBT-2复合材料较小的ΔE_{ST}使电子在室温热能活化下即可实现反系间窜跃过程，复合材料展现出寿命达 153 ms 的热致延迟荧光发光现象。

(3)在溶剂热条件下,以三乙二胺作为模板剂合成了一例新型二维双层状锗酸盐化合物(命名为 JLG－16)。单晶数据表明,JLG－16 结晶于单斜晶系 C2/c 空间群,a = 38.200 8(15) Å, b = 8.826 2(4) Å, c = 31.178 9(13) Å,β = 108.547 0(10)°。其结构是由四配位和五配位的 Ge_7 簇交替连接而构成的一个新颖的二维双层状结构,在(010)及(001)方向分别具有十六元环和十元环孔道结构。同时,通过原位合成的方式,碳点被嵌入到 JLG－16 晶体材料之中。合成的碳点@ JLG－16 复合材料的发光具有激发波长依赖性和温度响应性,从而开拓了锗酸盐材料在温度传感方面的潜在应用。

"量子点于分子筛中"的合成理念为设计开发长余辉发光材料与复合荧光材料提供了一种全新的思路。该方法也将适用于制备其他的荧光纳米材料,纷繁多样的客体荧光材料和主体基质材料将会衍生出更多具有长余辉发光等特殊发光性能的新材料,也为其在先进光电器件、生物成像等领域的应用提供更多的可能。

在本书即将出版之际,我要感谢我的博士生导师于吉红院士。本书研究内容是在于院士的悉心指导下完成的。

本书是在国家自然科学基金项目(21801069)、黑龙江省普通本科高等学校青年创新人才培养计划(UNPYSCT－2018013)、黑龙江省政府博士后资助经费(LBH－Z18232)的资助下完成的,在此表示感谢。

目　录

第 1 章

绪　论

以分子筛为代表的无机微孔晶体材料因其规则的孔道结构、优异的热稳定性、高的比表面积等优势而在催化、吸附、分离及离子交换等领域应用广泛。近几十年来,构筑以功能为导向的无机微孔材料是人们研究的焦点。无机多孔材料作为一个理想的主体材料可以负载多种功能性客体材料从而实现主客体功能性组装,复合材料展现了新颖的光电、传感、质子电导、非线性光学、药物缓释等性能。其中,光功能无机多孔材料结合了主体多孔材料和客体发光材料的优势,大量具有新组成和性能的复合孔材料相继被报道出来。下面,我们将对无机多孔材料领域进行概述,并着重介绍其复合材料在发光材料相关领域中的应用。

1.1 无机多孔材料概述

无机多孔材料具有丰富的孔道结构及高的比表面积,其已广泛应用于人类生活的方方面面。“孔”是多孔材料的核心,孔道的尺寸、维数、走向,孔壁的组成都是用来区分多孔材料的重要考察因素。根据孔道的尺寸,多孔材料分为孔径小于2 nm的微孔材料、孔径在2~50 nm之间的介孔材料、孔径大于50 nm的大孔材料;最新的定义又将微孔部分进行了具体划分,分为孔径小于0.7 nm的极微孔和孔径在0.7~2 nm之间的超微孔,对于小于100 nm的孔则统称为纳米孔。按照孔道的维数,多孔材料可以分为一维孔道材料、二维孔道材料、三维孔道材料;按照孔道的走向,可以分为直形孔道、弯形孔道等;按照孔壁的组成,可以分为硅酸盐材料、磷酸盐材料、金属-有机骨架材料等。丰富的孔道结构和多样的组成赋予了无机多孔材料蓬勃的生命力,有关无机多孔材料的新性能、新材料的报道层出不穷。

1.1.1 微孔材料

常见的无机微孔材料根据结构的不同可以分为沸石分子筛材料、类分子筛开放骨架化合物、金属-有机骨架化合物等。下面,我们将分别对其进行说明。

1.1.1.1 分子筛材料

分子筛是由 TO_4 四面体通过桥氧连接形成的,具有三维有序结构的无机多孔材料。[1-2]相比于其他的微孔材料,分子筛材料具有优异的热稳定性、适宜且可调变的酸性,被广泛地应用于石油炼制、石油化工和甲醇制烯烃等工业领域。

沸石分子筛最早是由瑞典科学家 Cronstedt 在 1756 年发现并命名的,而人工合成分子筛的历史则要晚得多,直到 20 世纪 40 年代,沸石的合成方法才由美国联合炭化物公司提出,该公司利用高压水热条件成功合成出 A 型、X 型以及 Y 型沸石。分子筛材料基于骨架组成的不同,通常分为硅酸盐分子筛、硅铝酸盐分子筛、磷酸铝分子筛以及锗酸盐分子筛等不同类型。在不考虑分子筛骨架组成元素的情况下,也可以根据分子筛的拓扑结构进行命名,通常由国际分子筛协会(International Zeolite Association,IZA)收录后给出三个大写字母组成的编码。随着分子筛合成技术的发展,众多具有新颖拓扑结构的分子筛被成功合成出来,到 2017 年 9 月为止,IZA 收录的分子筛拓扑结构已经有 234 种(图 1-1)。

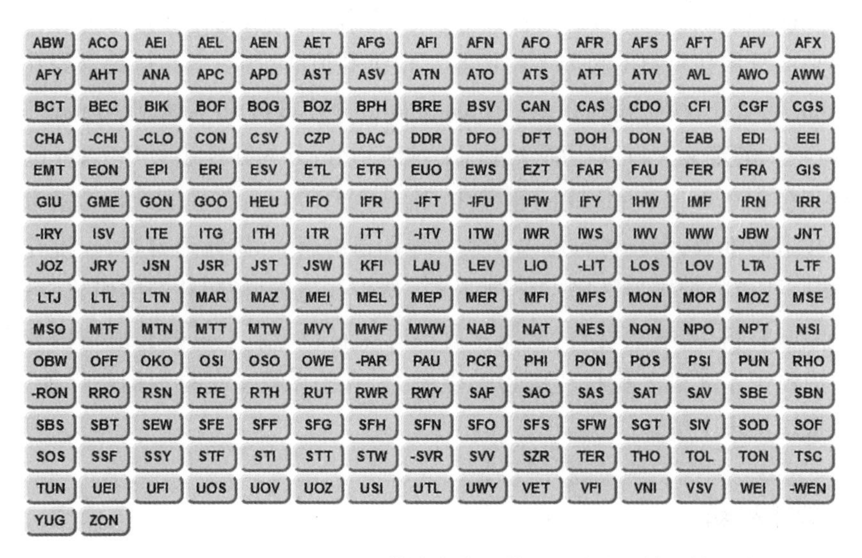

图 1-1 国际分子筛协会收录的 234 种分子筛拓扑结构

近年来,随着纳米技术的发展,利用分子筛类材料负载及封装金属纳米粒子[3]和发光量子点,制备性能优异的主客体组装材料已逐渐引起人们的广泛关注,这一部分的内容将在1.2节中详细介绍。

1.1.1.2 类分子筛开放骨架化合物

与传统的仅由TO_4四面体构成的分子筛材料不同,类分子筛开放骨架化合物可以通过TO_3、TO_4、TO_5、TO_6多面体构成,具有更多的结构组成方式。除了传统三维骨架结构外,开放骨架化合物还存在着新颖的二维层状结构、一维链状结构和零维团簇结构。同时,类分子筛开放骨架化合物的骨架组成也更加丰富,包括硅酸盐类、硅铝酸盐类、磷酸铝类、磷酸钛类、亚磷酸盐类、硼酸盐类、锗酸盐类等,为无机多孔材料的合成提供了更多的可能。[4]

1.1.1.3 金属-有机骨架化合物

金属-有机骨架化合物(Metal Organic Framework,缩写为MOF)是金属离子与有机配体通过配位键连接组成的具有有序骨架结构的材料。MOF的合成最早可以追溯到20世纪90年代初,当时合成的MOF材料存在稳定性等问题,限制了其实际应用。[5]1999年,Yaghi等人[6]合成了具有三维稳定骨架结构的MOF-5材料(图1-2),去除孔道内的溶剂等分子后其结构保持稳定,展现出优异的吸附性能,为MOF材料的应用带来了曙光。

在这之后,MOF的研究热潮一直持续到今天,并在气体吸附和氢气储存、非均相催化等诸多方面实现了其重要的应用价值。

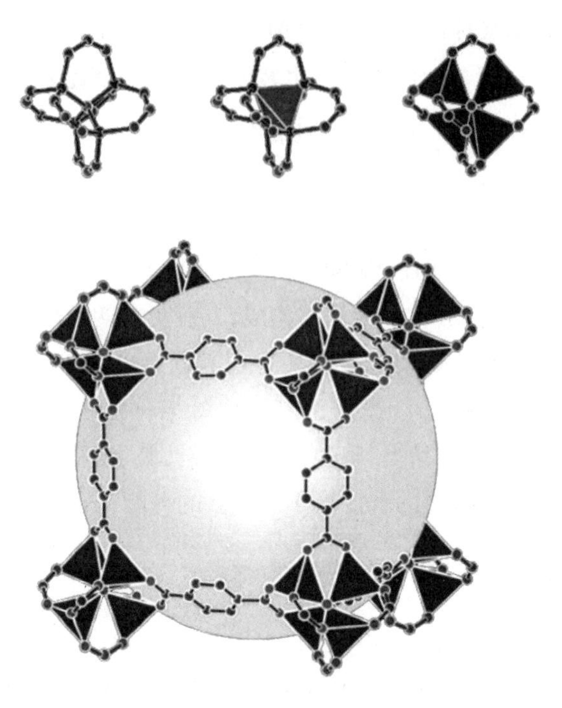

图 1-2　MOF-5 的拓扑结构示意图

合成的 MOF 纳米粒子通常不具有良好的表面性质，如高分散性、胶体稳定性和生物相容性。因此，改性已普遍用于赋予 MOF 纳米粒子理想的表面性能。根据配体与 MOF 表面的成键方式，修饰可分为两种：共价修饰和配位修饰。共价修饰需要 MOF 纳米粒子的有机连接物上存在反应官能团，这可能需要将这种修饰方法限制在某些特定的情况下，或者需要复杂的有机合成来引入这类官能团。配位修饰策略依赖于表面金属位点的高密度，这些表面金属位点可以作为配体与强配位基团结合的可达配位位点。与共价修饰策略相比，该方法更加直观，适用于更多种类的 MOF，特别是那些具有功能配位基团的大分子[如只有一个末端反应基团的聚乙二醇（PEG）、肝素被用来修饰 MOF 纳米粒子的表面]，可用于药物的传递。表面修饰可以使 MOF 纳米粒子具有更好的胶体稳定性、控释能力和癌细胞靶向性。

近年来，具有本征发光特性的 MOF 被用作化学传感器，用于探测金属离子、有机分子和爆炸物。然而，这些发光 MOF 的应用受到其量子产率低的限制，这是由无机或有机组分的固有发光能力较差或弱金属向配体电荷转移引起的发光导致的。大多数 MOF 倾向于发出微不足道的光，或者只对少数几种类型的客体（例如，良好的电子供体或受体）表现出相当大的发光响应。这些因素严重限制了它们在实际生活、工作中的应用。因此，在 MOF 孔道中引入高量子产率的发光客体材料是一种有效且重要的修饰方法，用此法可生产理想的以荧光 MOF 为基础的感官材料，同时可保持原有的 MOF 框架和性能。后合成修饰法是功能化的 MOF 基复合材料的一种改性方法，在该方法中，功能材料被引入并固定在 MOF 通道中。因此，无法得到具有新的物理和化学性质以及更优良性能的材料。

1.1.2 介孔材料

相比于微孔材料，介孔材料的研究起步要更晚一些，在 1992 年，Mobile 公司的 Kresge 等人[7]首次报道了通过使用 CTAC 为模板剂，合成了具有一维六方孔道的介孔氧化硅 MCM－41，从此揭开了无机介孔材料研究的序幕。随后的几十年中，来自不同科研组的工作者们纷纷涌入到介孔材料的合成热潮之中，开发出各具特色的介孔二氧化硅系列，其中包括 MCM 系列、SBA 系列[8]和 KIT 系列[9]等，为无机介孔材料的发展做出了卓越贡献。同时，人们也将介孔引入到过渡金属氧化物体系中，合成了不同类型的介孔氧化铝、介孔氧化锆等材料，极大地丰富了无机介孔材料的范围。

近年来，随着石墨烯等碳材料研究的火热，具有新颖介孔结构的多孔碳材料也更多地进入了人们的视野。早在 1999 年，Ryoo 教授等人[10]就以 MCM－48 为模板，成功地复刻出了具有有序介孔结构的多孔碳材料，将其命名为 CMK－1，并在随后的研究过程中，以 SBA－1、SBA－15、KIT－6 为模板制备了多种 CMK 系列介孔碳材料。而赵东元教授等人[11]则另辟蹊径，通过对以表面活性剂为模板合成的酚醛树脂进行炭化，合成了 FDU 系列的介孔碳材料（图 1－3），引起了科研工作者的广泛关注。

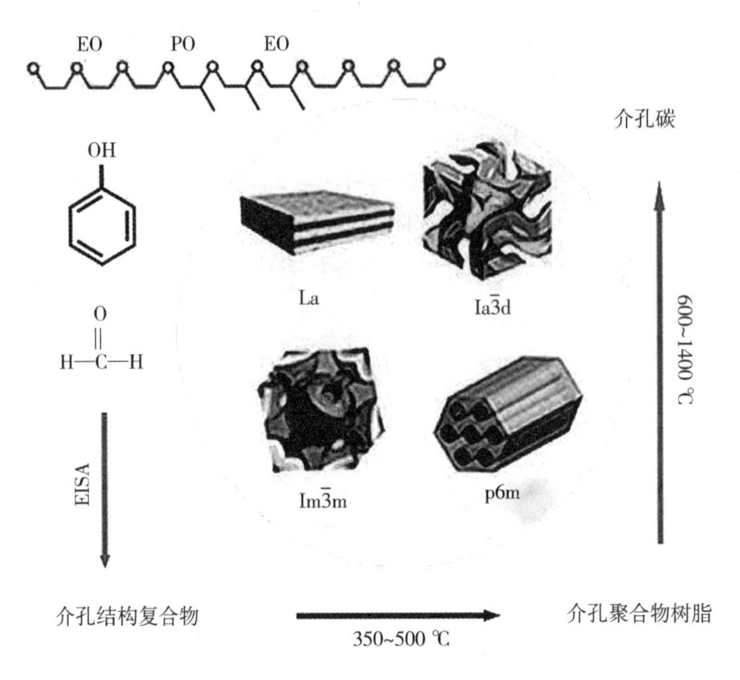

图 1-3 有序介孔碳材料 FDU 系列的合成示意图

1.1.3 大孔材料

由于大孔材料的孔径尺寸大于 50 nm,通常不具备尺寸选择性,因而直到 20 世纪 90 年代中期,有关大孔材料的研究都很少。在 1997 年,Velev 等人[12] 以 CTAB 修饰后的聚苯乙烯小球为模板剂,成功合成了具有三维有序结构的大孔二氧化硅材料。在此基础上,人们才逐渐投入到大孔材料的研发之中,并研发出了多种合成方法。常见的大孔材料合成方法包括发泡法、取代法和模板法等。

无机多孔材料的组成和结构千变万化,开拓材料应用领域是人们关注的焦点。通过主客体材料组装的方式,材料往往会被赋予新的生命。下面,结合本书研究内容,我们选取量子点@无机多孔复合发光材料体系进行具体介绍。

1.2　碳点基复合材料

1.2.1　碳点概述

碳点即碳量子点，是一类具有荧光性质的碳颗粒，其尺寸一般不大于 20 nm。碳点自 2004 年被首次报道以来，引起了广泛的关注。相比于金属量子点材料，碳点材料毒性很低，对环境友好，具有良好的生物相容性；耐光漂白，发光性质稳定，荧光量子产率高；易被化学修饰，可用于设计合成多功能发光材料。这些特点，使得碳点广泛应用于太阳能电池[13-15]、发光二极管[16-17]、超级电容器[18-19]、光催化降解有机物[20-21]、检测各类重金属阳离子和各类阴离子[22-26]、细胞标记[27]、生物成像[28]、荧光墨水[29]等领域。

从结构上来看，碳点主要可以分为石墨烯量子点、碳纳米点和聚合物点。石墨烯量子点具有单层或多层石墨烯结构[30]，其边缘连接不同的化学基团[31]。碳纳米点可以有明显的晶格结构或无晶格结构，其表面的官能团对碳点的荧光性质和溶解性起着至关重要的作用；同时，表面的氮、硫和其他元素基团能优化碳点的电子结构，使得碳点的发光效率和性能都大大提高。[32-33]聚合物点通常是指高分子通过交联和炭化形成的具有荧光性质的聚集体，一般不具有明显的碳的晶格结构。[34-35]

随着研究的发展，多种多样的碳点合成方法也相继被开发出来。总体来讲，分为自上而下和自下而上两类方法。自上而下的方法主要是通过一些物理化学方法将大的碳源裂解剥离出小的碳颗粒，包括激光消融、酸裂解、电化学裂解和电弧放电等。[31,36-41]自下而上的方法是指通过一定的化学合成，将小的有机分子聚集炭化成相对分子质量大的碳纳米颗粒，其合成手段主要包括煅烧、水热、微波、超声、模板法等。[42-47]各种合成方法所得的碳点化学结构不尽相同，荧光波长可以从紫外到可见光，再到近红外区域[48-52]，其发光机制也各有差异，碳点的发光机制仍需探索。

1.2.2 碳点基复合材料的制备

目前,碳点基复合材料的制备常选用聚乙烯醇、明矾、聚氨酯、金属有机骨架、介孔材料和分子筛等基质来固定碳点。根据不同的碳点和基质,合成方法也不同。目前主要采用两种合成方法来制备碳点基复合材料:一步法和两步法。一步法是指在反应体系中,碳点和基质同时生成,因此碳点在宿主基质中受到原位限域。两步法是指先通过自上而下或者自上而下的路线制备碳点,然后将其通过化学或物理方法嵌入到基质中;或者先制备基质,再通过燃烧、热解、加热处理,在基质中生成碳点。

需要指出的是,由于发光碳点合成的不可控性,以及碳点客体物种与主体基质协同组装需要较强的相互作用力来完成,所以将其直接原位嵌入宿主基质中是比较困难的。因此到目前为止,一步合成碳点基复合材料的例子仍然有限。

成功地一步合成碳点基复合材料,需要以下条件:

(1)具有良好的纳米空间限域作用、较高的热稳定性和化学稳定性的载体材料是容纳各种小功能客体的理想基质。

(2)水热/溶剂热或其他合成方法需要既适用于载体的形成,又适用于碳点的形成。

(3)基质材料的合成体系与碳点的合成体系兼容,甚至一些原料可以同时用作基质材料和碳点的原料。

(4)最重要的是,基质材料与碳点的合成条件相匹配,通过调整适当的合成条件,可以同时形成碳点和基质材料。

与一步法相比,两步法制备碳点基复合材料更加可控,易于实现。选择的基质种类不同,两步合成的方法也不同。Bourlinos 等人[53]利用分子筛作为基质对发光的碳点进行固定,首先,通过 2,4 - 二氨基酚二盐酸盐离子交换 NaY (FAU)分子筛,随后热氧化将碳点(4 ~6 nm)接枝到 NaY 分子筛的外表面。此外,通过微等离子体辅助的方法,以 NH_2 修饰的 SBA - 15 (SBA - NH_2)作为基质,可以制备出 CDs@ SBA - NH_2 纳米复合材料。[54] 该合成要将原料(柠檬酸和乙二胺)填充到预先合成的 SBA - NH_2 的中孔中,并在微等离子体气氛中处理。

聚合物聚乙烯醇(PVA)是制备复合薄膜的理想选择。将制备好的碳点均匀分散到PVA水溶液中,然后进行涂层和热处理,可以很容易地制备出CDs@PVA复合膜。这种方法非常简单,与上述制备碳点基复合材料的化学方法有很大的不同。同时,通过不同的合成方法得到的碳点都可以嵌入到PVA基质中。与聚乙烯醇一样,工业上广泛使用的聚氨酯(PU)也可以作为基质来限域碳点,但CDs@PU复合材料的合成过程较为复杂。例如,Tan等人[55]以异佛尔酮二异氰酸酯(IPDI)为碳源,在微波照射下制备了N掺杂的碳点,然后将二月桂酸二丁基锡(DBTDL)和聚四甲基醚二醇(PTMEG)添加到N掺杂的碳点粉末和IPDI的混合溶液中,最后将混合物在80 ℃加热,得到了CDs@PU复合材料。

其他的合成方法也适用于该类碳点基复合材料的合成。采用简单的物理混合方法,可在明矾$KAl(SO_4)_2 \cdot xH_2O$基质上制备碳点基复合材料。[56]将碳点水溶液与$KAl(SO_4)_2 \cdot xH_2O$溶液均相分散,在不同条件下干燥,可制备出CDs@$KAl(SO_4)_2$和CDs@$KAl(SO_4)_2 \cdot xH_2O$复合材料粉末。受到将碳点分散到PVA、PU和$KAl(SO_4)_2 \cdot xH_2O$中的合成方法的启发,Li等人[57]进一步开发了适用于发光碳点的双组分复合基质。首先以叶酸前驱体为原料,通过水热法制备了N掺杂的碳点。随后,将N掺杂的碳点与尿素混合加热,制备了以熔融重结晶尿素和由尿素转化而成的双脲为双组分基质的复合材料。由于熔融尿素对N掺杂碳点具有较强的吸附和捕获作用,所以其使N掺杂碳点高度分散到复合基质中。Jiang等人[58]报道了在纳米二氧化硅溶胶($n$$SiO_2$)中对碳点进行水热处理来制备CDs@$n$$SiO_2$复合材料。胶体$n$$SiO_2$在水体中高度分散、光学透明和表面可能发生偶联反应等优点使得碳点能够通过强共价键固定在胶体$n$$SiO_2$上。Li等人[59]提出了在CD－CA悬浮液中,通过水建立独特的氢键连接方式,可得到具有优异性能的复合材料体系:将柠檬酸和尿素的混合物在去离子水中加热以制备碳点,然后将碳点在去离子水中稀释之后与CA混合,最后通过离心除去未复合的碳点,在真空中干燥得到CD－CA粉末。有趣的是,将CD－CA粉末放入水中后,碳点与CA之间形成了类似于基质的桥状氢键网络。

1.2.3 碳点基复合材料的光致发光

光致发光是碳点最重要的特性之一,也是其广泛应用的基础。到目前为止,各种尺寸、发射波长从紫外(UV)到近红外(NIR)的碳点已经被制备出。控制基质中碳点的尺寸和含量,可以实现对碳点基复合材料的荧光调控。研究表明,分子筛基质中碳点的含量通常由热处理条件决定。例如,CDs@ MAPO - 44 分子筛复合材料,碳点的含量可以通过减少煅烧时间(550 ℃,30 min 减少到 5 min)或降低温度(500 ℃,5 min)从 0.24 wt%①调至 1.2 wt%。[60]发射波长与碳点的含量密切相关,碳点含量越高,发射波长越长。因此,CDs@ MAPO - 44 复合材料呈现出从紫色到橙红色的可调变发光。另一种可行的荧光调控方法是将碳点嵌入到发光基质中,通过改变碳点的含量或借助外部刺激来调节其发射强度。例如 N,S - CDs@ Eu - MOF 复合材料展现出来自 N,S - CDs 的蓝色光和 Eu - MOF 的红色光的双重辐射性质,并在有机溶剂和水溶液中展现不同颜色的发光行为。[61] CNDs@ ZIF - 8 的辐射由 ZIF - 8 发射的蓝光和碳点发射的黄光组成,因此,通过控制煅烧时间将这两种辐射结合就可以获得近似白光的辐射。[62]实现荧光调控的第三种方法是将两种或两种以上具有不同光辐射的碳点混合到基质中。在 RGB 彩色模型的基础上,Jiang 等人[62]将不同比例的 m - CDs(红光)、o - CDs(绿光)和 p - CDs(蓝光)发光碳点混合,分散在 PVA 基质中,制备了全色 CDs@ PVA 复合膜。这样制备的复合膜材料具有较宽的光致发光范围,且这三种 CDs 在 PVA 基质中没有明显的相互作用。将 o - CDs、m - CDs、p - CDs 按 2∶4∶1 混合,可得到 CIE 坐标为(0.33,0.34)的白光发射膜。

有趣的是,在基质中嵌入碳点可以进一步调节其光致发光性质,在某些情况下还可以产生新的发光性质,如室温磷光(RTP)、热激活延迟荧光(TADF)等。该部分内容将在 1.4.3.1 中详细介绍。

由于碳点的种类繁多,对其光致发光机理的研究还处于起步阶段。一般来说,关于碳点的发射机理,Sun 等人[64]总结了 8 种主要理论:

1)带隙发射和量子约束效应;

2)表面态发射;

3)分子荧光团和碳核;

4)多环芳烃分子发射;

---

① 本书中 wt% 为质量百分比。

5)减缓溶剂弛豫或溶剂色谱转移;

6)自俘获激子发射;

7)表面偶极子发射中心;

8)聚集发射中心。

这些理论可以指导各种光致发光的应用并且增强碳点材料的性能。

1.2.4 碳点基复合材料的应用

碳点作为荧光探针,由于其优异的光致发光性能和生物相容性,在生物成像领域有着潜在的应用前景。一些基质如介孔二氧化硅($m\mathrm{SiO_2}$),不仅可以限制碳点,还可以携带药物。利用介孔二氧化硅制备的纳米复合材料是细胞成像和药物释放的理想材料。[65] 负载阿霉素(DOX)的 CDs@ $m\mathrm{SiO_2}$材料可以在宫颈癌细胞(HeLa)中释放 DOX 并在细胞核中积累,通过不同 pH 缓冲液中的光致发光现象可以监测其 DOX 的释放。研究表明,复合材料中的 DOX 比游离 DOX 具有更高的细胞毒性。与游离 DOX 的被动扩散过程不同,细胞是通过主动内吞过程摄取 DOX@ CDs@ $m\mathrm{SiO_2}$ – PEG,从而诱导细胞凋亡。

碳点基复合材料还可以用于吸附研究。由于介孔二氧化硅的高比表面积和碳点的光致发光性质,CDs@ SBA – NH_2纳米复合材料对铀的选择性吸附效率高,吸附过程可以通过纳米复合材料的荧光强度进行原位监测。纳米复合材料 CDs@ SBA – NH_2对铀的吸附与 pH 密切相关,当 pH = 5 时,其最大吸附量为 173.60 mg/g。与 SBA – NH_2前驱体相比,该复合材料对铀的吸附能力和吸附选择性优于其他竞争金属离子。纳米复合材料对铀具有明显的荧光响应,吸附铀后荧光强度迅速降低。

碳点基复合材料也应用在传感领域,其显示出对温度、金属离子和 pH 的荧光传感能力。例如,作为温度传感器,温度从 25 ℃上升到 110 ℃的过程中,CDs @ UiO – 66($OH)_2$复合材料在 464 nm 的发光强度逐渐降低,且表现出良好的线性关系。[66] 另外,CDs@ UiO – 66($OH)_2$溶液对不同 pH 的荧光响应不同:在 pH 为 3.0 时发射强度最高;在 pH 为 3.0 ~ 7.0 时,随着 pH 的升高,发射强度降低。pH 与荧光强度的变化具有良好的线性关系。此外,CDs@ UiO – 66($OH)_2$对 Fe^{3+}具有高度选择性。另外,CD – CA 悬浮液由于是具有较长寿命的 RTP 材料,故可以用于水中 Fe^{3+} 检测的传感器。

碳点基复合材料独特的 RTP 或 TADF 性能使其在高级防伪领域具有潜在的应用前景。[67] CDs - PVA 复合材料具有光致发光、UCPL 和 RTP 三种模式的发射。CDs - PVA 水分散体系在日光下(无色透明)和紫外灯下(蓝绿色)呈现不同的颜色。用这种分散体系作为墨水在一张有防伪标记的纸币上写下"heng"和"A"。它们在日光下是看不见的;在紫外线的照射下,可以观察到蓝色的字符(光致发光模式)和纸币上固有的防伪标记。用飞秒脉冲激光激发可以观察到青色字符(UCPL 模式)。紫外灯关闭后,肉眼也可以看到蓝绿色的字符(RTP 模式),但观察不到纸币的防伪标记。由于复合材料在不同温度下的发光响应不同,热处理控制的室温磷光 CD@PVA 复合材料中存在多级荧光/磷光数据加密。[68] 这种加密模式是使用三种类型的复合材料——蓝荧光柠檬酸(CzA@PVA)、CD - 1@PVA 和 CD - 2@PVA 制成的。第一级加密字符"CD"由 CD - 2@PVA 编写,第二级加密字符"CDots"由 CD - 1@PVA 和 CD - 2@PVA 编写。在80 ℃、150 ℃和 200 ℃的热处理后,合并后的模式展示不同的信息。在 150 ℃和 200 ℃热处理后,加密的字符"CD"和"CDots"分别得以解码。

1.2.5 碳点基复合材料的研究进展及问题

以上我们总结了近年来碳点基复合材料的研究进展,包括它们的合成、发光特性、发光机理和应用。客体碳点和主体基质的协同作用可促进碳点基复合材料的新的发光特性和应用的开发。然而,即便如此,在未来碳点基复合材料的发展中仍然存在一些问题和挑战需要克服。

第一,碳点基复合材料中使用的基质材料仍然有限。目前报道的基质主要集中在两类材料上:一类是能够将碳点限制在纳米空间的分子筛、MOF、介孔材料等纳米孔材料,另一类是能够将碳点分散成膜的 PVA、PU 等介质材料。开发新的基质材料可以研制出更多类型的碳点基复合材料。特别是具有成本低、制备方便、功能可控、化学稳定性好、生物相容、无毒等优点的基质倍受人们的青睐。

第二,碳点的合成方法多种多样,制备碳点的前驱体种类繁多,但在目前的合成水平上,碳点的尺寸、结构、表面基团、理化性质等都难以达到一致。碳点基复合材料的合成相对于碳点的合成较为复杂,其合成过程中存在更多的不可控因素,如碳点在基质中的聚集,碳点与基质的相互作用等。所以,需要我们合理设计和制备具有良好结构的碳点基复合材料,并研究不同的基质、制备方法,及碳点基复合材料的结构(碳核、表面化学)、尺寸和发光性能。

第三,具有高量子产率、长波长发射(特别是红光发射)、超长寿命、手性和可调光性的碳点基复合材料仍处于探索阶段。为此,需要结合碳点与宿主基质的优点,对宿主基质与具有光致发光性质的碳点进行精确预设计,促进碳点与基质之间的相互作用和能量传递,或对碳点、宿主基质上的特定功能基团进行后期修饰。此外,对多功能发光复合材料的研究也是碳点基复合材料研究的一个重要方向。

第四,目前对碳点基复合材料的发光机制还没有完全了解。这是因为碳点的发光机制多样且仍存在争议,碳点的结构特征不明确,且碳点与宿主物质之间的相互作用复杂。因此,我们应该致力于先进的、高分辨率的表征技术和计算模拟,来增强我们对结构－属性关系、主客体之间的相互作用和基本光致发光机制的理解。

尽管研究者们在生物成像、药物传递/释放、传感和防伪等方面已经发现了碳点基复合材料一些潜在的应用,但在实际应用方面碳点基复合材料的研究还有很长的路要走。因此,未来的研究方向应该是针对在生物、催化、光电子、储能转化等领域,开发更新颖的应用。同时,为了充分实现其实际应用,还需要大规模制备碳点基复合材料。随着实验和理论研究的不断深入,我们期待碳点基复合材料在未来会有更多新颖和实际的应用。

1.3 量子点@无机多孔复合发光材料

近年来,以功能为导向的无机多孔材料的研究受到了越来越多的关注,除传统的催化、吸附、离子交换的应用外,具备新颖性质和功能的无机多孔材料是人们期待的焦点。由于无机多孔材料规则的孔道结构和优异的物理化学性质,其作为一个主体材料可以与多种功能性客体材料来实现主客体功能性组装,多种具有新颖的光电、传感、质子电导、非线性光学、药物缓释等性能的无机多孔复合材料相继被报道出来。其中,因为光功能无机多孔材料结合了主体孔材料和客体发光材料的优点,所以大量新型复合孔材料应运而生。目前,功能性发光离子、有机分子已被成熟引入有序的孔道结构中。[69]然而,除了这些简单离子、分子被引入骨架结构中外,其他原位协同组装的光学材料的报道却相对很少,其主要原因有两个:其一,自组装的驱动力主要取决于非共价键(如氢键、范德瓦耳斯力和离子键),这在很大程度上限制了主客体材料的原位组装[70];其二,客体发光材料的引入会影响无机多孔材料合成过程中的水解和缩合过程,且若原位合成的客体的尺寸太大,则会影响多孔材料的微观有序性和晶化程度[71]。因而要实现复合材料的原位合成和有序排列,就必须合理地设计客体材料,其尺寸要相对较小,并容易分散在普通溶剂中,且能够与无机主体材料之间存在相互作用力。

量子点是一类零维纳米材料,其优异的光电性能使其在发光器件、太阳能电池、光学生物标记、传感等领域展现出不可替代的优势。近年来,关于量子点的研究如雨后春笋般涌现,碳点、半导体量子点、钙钛矿量子点、金属簇等相继被报道出来。[72-73]但其稳定性等问题限制着材料的发展和应用。基于上述无机多孔材料的优势,在新型量子点@无机多孔复合发光材料的开发中研究者们提出了一种可行的解决该问题的方法:通过复合可以形成拥有新组成和新形态的材料,并且材料展现出单一组分所不能具备的优异性能。近年来,多种量子点@无机多孔复合材料相继被开发出来。下面,结合本书研究内容,我们将选取碳点@无机多孔复合发光材料、半导体量子点@无机多孔复合发光材料、钙钛矿量子点@无机多孔复合发光材料、金属簇@无机多孔复合发光材料进行具体介绍。

1.3.1 碳点@无机多孔复合发光材料

碳点表面具有丰富的官能基团,给化学修饰提供了广阔的空间。修饰后的碳点荧光发光性能通常可以得到保持,这为其在复合材料应用范围的拓展提供了广阔的空间。近年来,具有优异发光性能的碳点@无机多孔复合材料也相继被开发出来,下面,我们从碳点@介孔材料、碳点@MOF材料、碳点@分子筛材料三个方面分别举例示之。

近年来,将发光纳米材料直接组装入介孔材料之中一直是一个挑战。2015

年,Kong 等人[74]通过自组装的方式将碳点负载到了一系列有序介孔材料(TiO_2、硅、碳和硅碳材料)之中。通过氢键作用,碳点和无机骨架前驱体可以进行自组装(如图1-4所示);脱除结构导向剂后所得到的材料呈现高度的有序性,同时,复合材料也显示出了显著提升的光电性能(例如,光电流密度)。

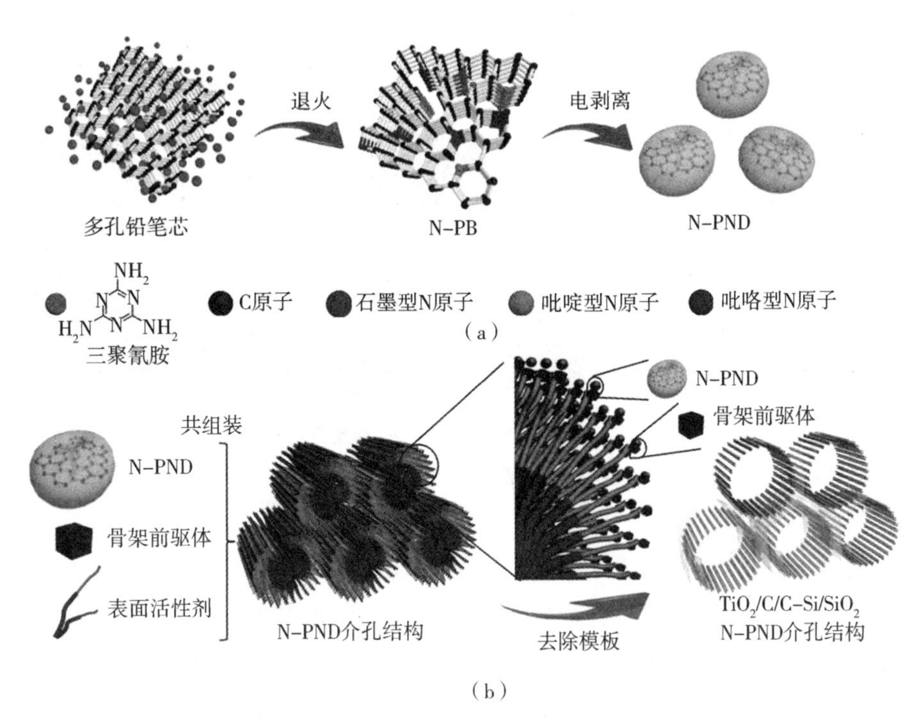

图1-4 碳点@有序介孔 TiO_2、硅、碳和硅碳材料的合成示意图

此外,Lai 等人展示了碳点@介孔二氧化硅复合发光材料在细胞成像和药物缓释方面的优势。他们以介孔二氧化硅纳米粒子作为纳米反应器,使碳点在其介孔中生长,合成的碳点粒径分布较为均一。同时,将聚乙二醇加盖于碳点@介孔二氧化硅上,可以增强其发光性、稳定性和生物相容性。随后,合成的CDs@ $m\mathrm{SiO_2}$-PEG 纳米复合材料被载入抗癌药物 DOX 中,通过监控在 HeLa 细胞中碳点与 DOX 荧光强度的比值,可以实现对药物 DOX 释放过程的监控(如图1-5所示)。

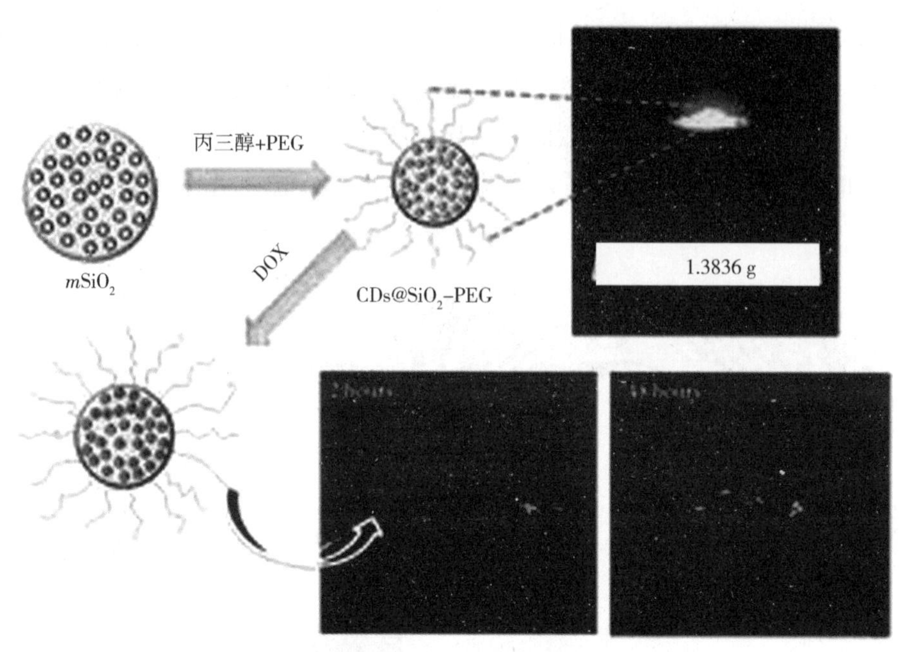

图 1-5　CDs@ mSiO$_2$ - PEG 纳米复合材料的合成过程及其细胞成像和药物缓释应用

关于碳点@ MOFs 的报道也层出不穷。2014 年，He 等人[75]用两步法合成了 CDs@ ZIF-8 复合材料，其荧光强度和尺寸可以通过改变碳点和起始原料的浓度进行调控。该材料可以应用于 pH 响应的药物释放和癌症细胞成像领域（如图 1-6 所示）。相似的 CDs@ ZIF-8 材料也可应用于橡黄素的检测。[76] 2017 年，Li 等人[77]在 CDs@ ZIF-8 复合材料基础上引入了 MnO_2，所得材料通过淬灭荧光的恢复过程可以检测抗坏血酸的含量。Ma 等人[78]将其他量子点与碳点同时引入 ZIF-8 中，结合孔材料吸附的能力，所得材料显示出很好的 Cu^{2+} 荧光传感性能。Li 等人[79]也运用两步法合成了 CDs@ UMCM-1a 材料。由于碳点表面的极性官能团和 H_2 分子具有相互作用，CDs@ UMCM-1a 的储氢能力显著提高。MOF 和碳点的双重作用使复合材料在硝基芳烃类爆炸物检测方面也体现出了优势。

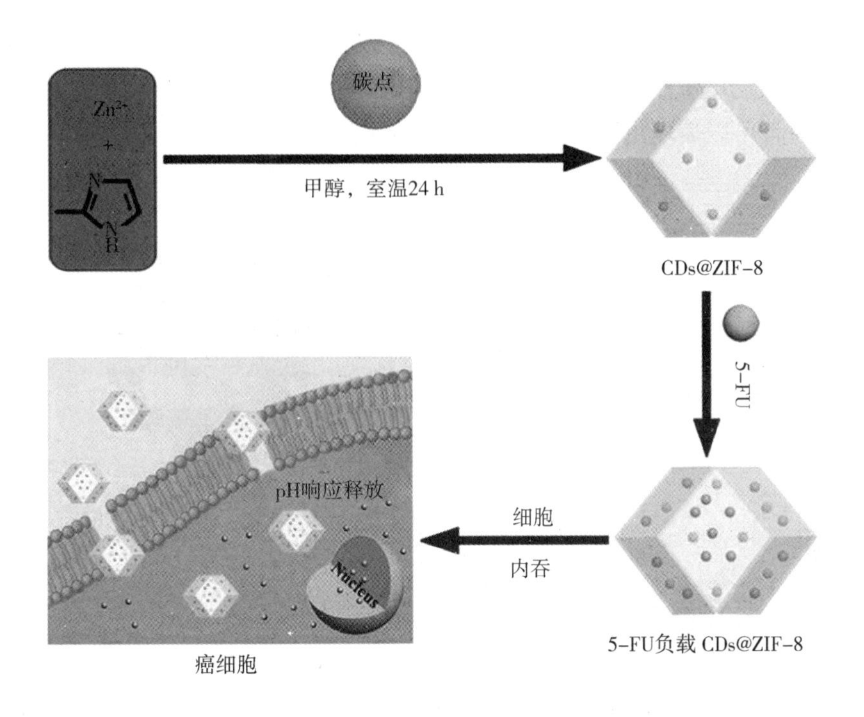

图1-6 CDs@ZIF-8的合成路线及应用

若选取本身具有荧光发光性能的MOF作为主体材料，则引入碳点后其主客体的协同作用会赋予材料新的性能。Dong等人选取本身具有红色发光性能的镧系MOF材料(Eu-MOF)与蓝光碳点复合，合成的复合材料的发光性能对有机溶剂中的水含量十分敏感。当水含量低时，材料发红光；随着水含量增加，材料逐渐发出蓝光。

此外，无机多孔材料的孔道尺寸可调，其良好的限域效果使其在调控合成一定尺寸纳米晶体方面可以充当很好的模板材料。2017年，Gu等人[80]利用MOF材料和葡萄糖分子的炭化温度具有显著差异的特点，创新性地实现了碳点与MOF材料的复合，成功合成了负载超小碳点的光学MOF薄膜材料。一般来讲，有机葡萄糖分子的炭化温度低于200 ℃，而MOF材料由于其刚性的骨架结构，材料的炭化温度相对较高，超过了500 ℃。运用此特点，研究者在200 ℃氮气氛围中煅烧负载葡萄糖的MOF材料，结果MOF骨架保持不变，而葡萄糖分子会被炭化为碳点。碳点限域在MOF孔中的，继而获得均匀分散的CDs@MOF

复合材料。不同孔径大小的 MOF 材料可以调控生成不同尺寸的碳点(如图 1-7所示)。运用该策略合成的碳点负载 MOF 薄膜不仅具有良好的光学透明度和形貌,而且可以表现出波长可控的光致发光行为和光限幅效应。

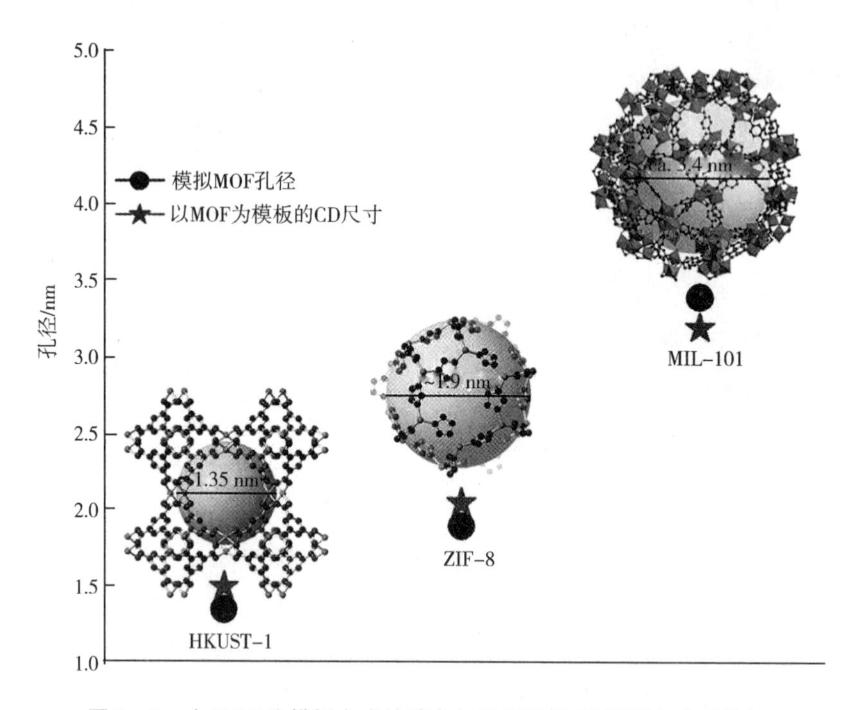

图 1-7 由 MOF 为模板合成的碳点与其模板 MOF 孔隙大小的比较

对于制备碳点与分子筛的复合材料,目前报道的合成方法主要分为热解分子筛中的有机模板剂的方法和原位水热/溶剂热合成的方法。其中,对于热解分子筛中有机模板剂的方法,其荧光发光性能可以通过不同的煅烧时间、温度、煅烧氛围等因素进行调控。早在 2010 年,Xiu 等人就已通过煅烧镁掺杂磷酸铝分子筛 MAPO-44 得到了具有荧光发光性能的碳点@分子筛材料。研究发现,通过改变样品中碳的含量,其发光可以从紫色变化到橙红色(如图 1-8 所示)。随后,Wang 等人[81]通过煅烧微孔材料 JU-92 的方式,合成了一个新型的镁掺杂磷酸铝分子筛 JU92-300,碳点存在于无机骨架结构之中。2015 年,Baldovi 等人[82]通过煅烧纯硅分子筛 ITQ-29 的方式,也得到了具有较高荧光量子效率的碳点复合材料。

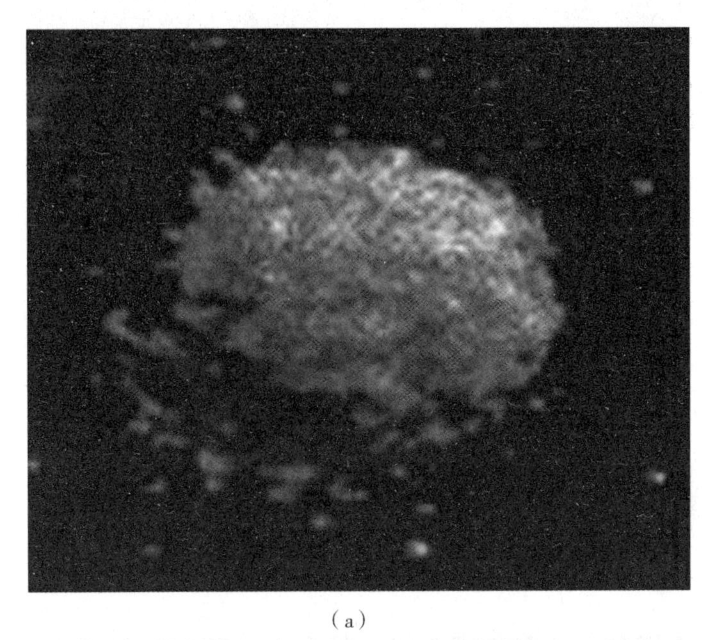

（a）

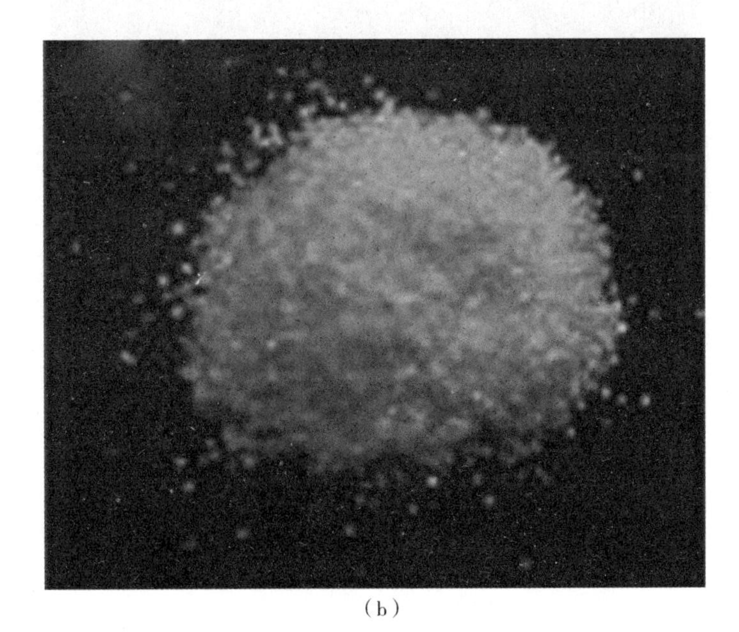

（b）

(c)

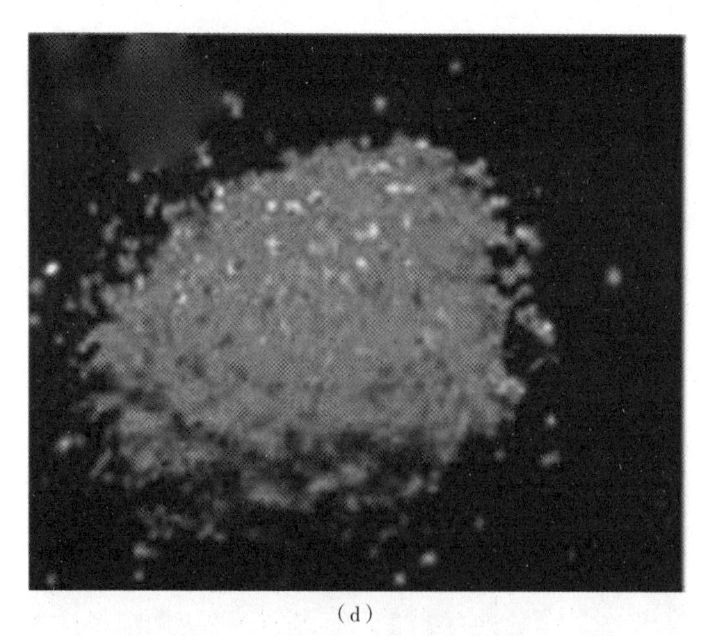

(d)

（e）

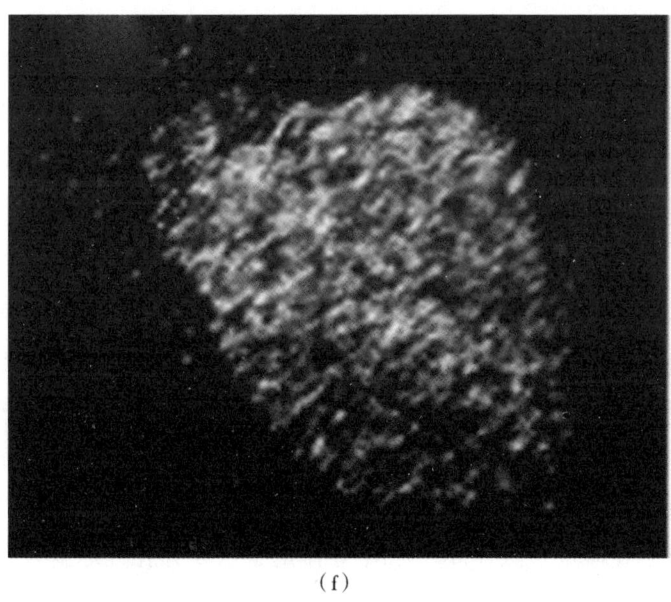

（f）

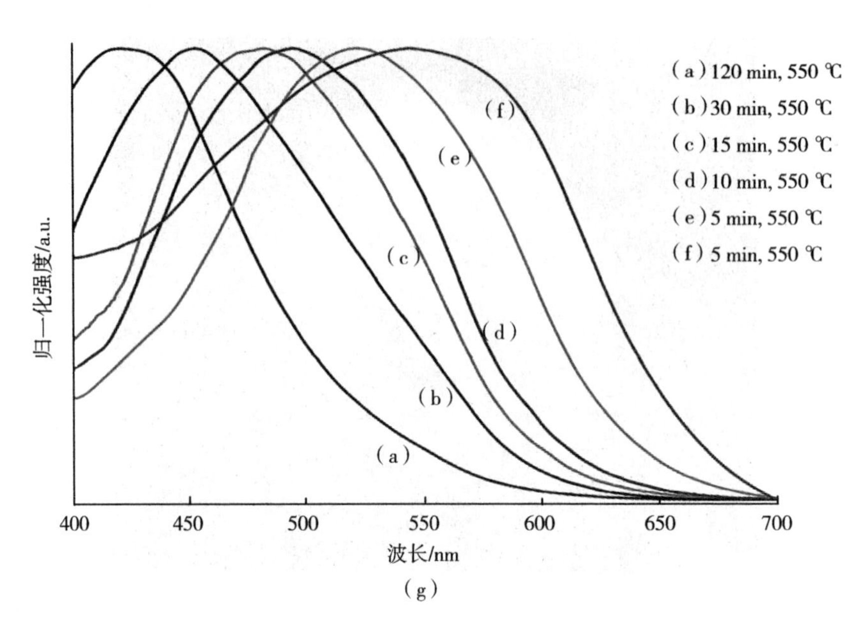

图 1-8 不同煅烧时间的碳点负载 MAPO-44 的荧光照片及光谱

1.3.2 半导体量子点@无机多孔复合发光材料

半导体量子点材料在发光领域具有独特的优势:其激发带宽,适宜于同一激发光源进行多通道检测;同时,其发射带狭窄且斯托克斯位移较大,适宜于区分和识别不同量子点标记的生物分子;发光效率高;组成和尺寸具有高度的可调节性。但是其发光容易受到周围环境的影响,导致荧光淬灭或失去荧光性质,人们期待通过开发新的途径去保护和修饰其表面,进而保护其荧光性能。半导体量子点@无机多孔复合材料在此方面可显现出其得天独厚的优势,同时,复合材料的构筑还有助于能量转移等过程的实现,可具有更优异的性能。下面我们对半导体量子点@MOF和半导体量子点@介孔硅球复合发光材料分别举例进行展示。

2013年,Jin等人[83]开发了一种基于半导体量子点的策略来增强MOF材料的光收集能力。CdSe/ZnS核壳结构量子点通过外表面的化学键作用连接到MOF上,这使得复合材料可以在MOF材料不吸光的位置收集光子(如图1-9

所示)。通过调节量子点尺寸,能量转化率最高可达84%。这项研究成果提供了一种解决MOF吸收光谱相对狭窄问题的方法,为设计和发展能够高效获取太阳能的半导体量子点@MOF复合材料铺平了道路。

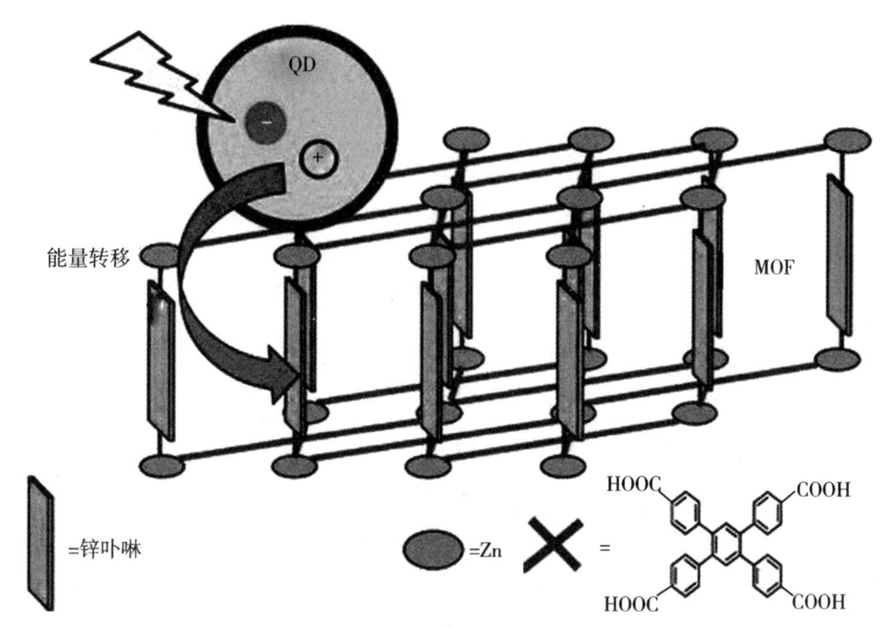

图1-9 基于半导体量子点-MOF的能量转化来增强MOF材料的光收集能力示意图

因半导体量子点的发光性能容易受到生物环境(如细菌环境)的影响,故保护其表面就变得尤为关键。将半导体量子点封装于多孔硅基质之中可以提高材料的理化稳定性,这是解决该问题的一种有效途径。Gao等人[84]通过将CdTe量子点嵌入介孔硅球的方法,有效防止了量子点的聚集淬灭;之后,他们又在表面修饰了Ag纳米粒子,使材料具有抗菌性。同时,他们展示了材料在荧光防伪领域的应用(如图1-10所示)。

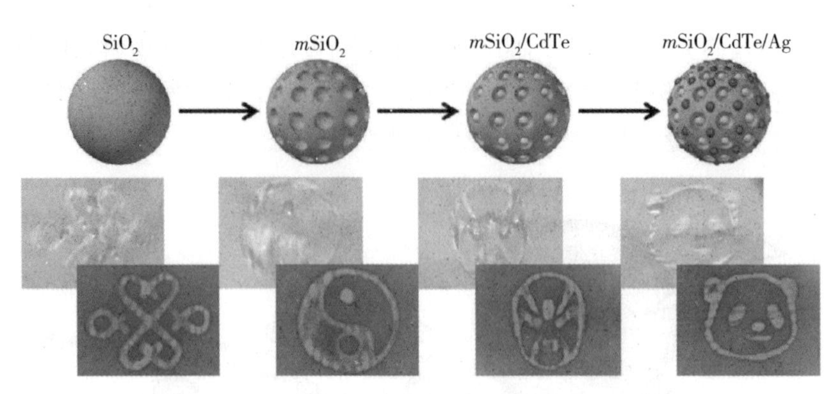

图 1－10 $mSiO_2$/CdTe/Ag 材料的合成过程及其在荧光防伪领域的应用

1.3.3 钙钛矿量子点@无机多孔复合发光材料

作为新一代半导体材料，钙钛矿材料由于其发射光谱窄、波长可调、成本低廉、工艺简单等特点，在发光二极管、激光器等领域显示出了巨大的潜力。[85－87]但由于材料存在大量的本征缺陷，在低密度光激发下有机无机杂化钙钛矿薄膜材料的荧光量子效率较低，其在发光器件中的应用被限制。小尺寸的钙钛矿材料可以有效地降低其内部缺陷的数目，减少非辐射跃迁，提高其荧光量子效率。近两年，钙钛矿量子点材料的兴起引起了学术界和工业界的广泛关注，其高的荧光量子效率、宽的可调变荧光波长范围、窄的线宽使其有望成为新一代的显示照明材料。[88－90]

Dirin 等人[91]利用介孔二氧化硅做模板合成了钙钛矿量子点复合材料（如图1－11所示），合成的材料具有其独特的优势：材料的尺寸调控性更强，孔材料成熟的合成方法可实现大范围的尺寸调控，加之钙钛矿原本方便的组成调控，复合材料可以展现更为强大的发光颜色调控能力；介孔材料的引入提高了钙钛矿量子点的稳定性；合成过程简便，无须提纯，解决了量子点提纯这一工业难题。

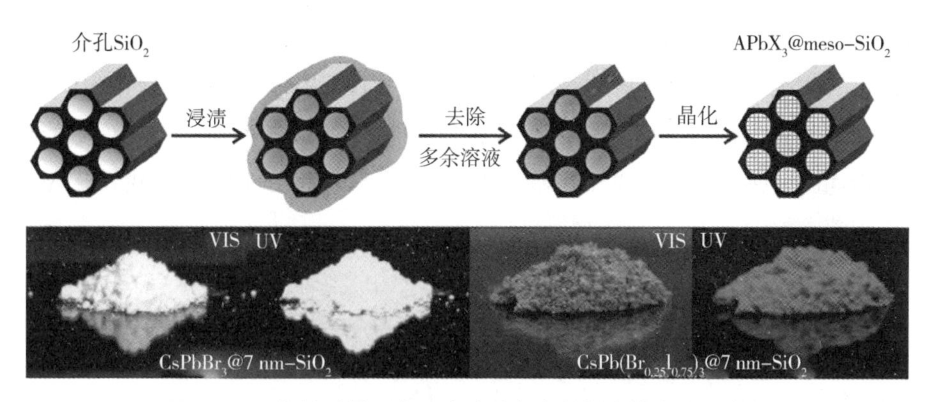

图 1-11　钙钛矿量子点@介孔硅复合材料合成方法示意图

全无机钙钛矿量子点应用在发光二极管器件上虽有诸多优势,但其离子交换的效应削弱了材料的稳定性,宽化了原本很窄的发射带,所以,钙钛矿量子点不能混合使用。Wang 等人[92]开发了一种钙钛矿量子点@介孔二氧化硅纳米复合材料,介孔二氧化硅可以有效阻止离子交换现象的产生,增加材料的稳定性(如图 1-12 所示)。材料被用于 LED 背光显示之中。

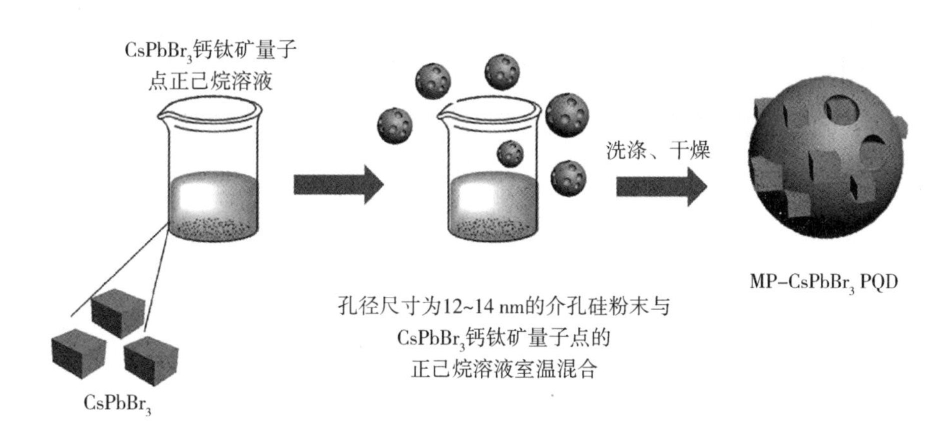

图 1-12　钙钛矿量子点@介孔二氧化硅纳米复合材料合成示意图

此外,其他无机材料也可以对量子点本身起到很好的保护作用,增强复合材料的稳定性。Sun 等人[93]用硅包覆无机钙钛矿量子点,合成了具有良好稳定性的复合材料,该复合材料可以用于白光发射的 LED 器件。该课题组还运用一锅法，将 APTES(三乙氧基硅烷)加入量子点合成体系中，热注射合成量子点后，利用空气中的水汽使 APTES 硅烷化，合成了硅包覆的无机钙钛矿量子点，所得复合材料的稳定性明显好于纯钙钛矿量子点(如图 1－13 所示)。Li 等人[94]将 $CsPbBr_3$量子点引入到硅/氧化铝基质中，使无机材料很好地避免了钙钛矿量子点的聚集。

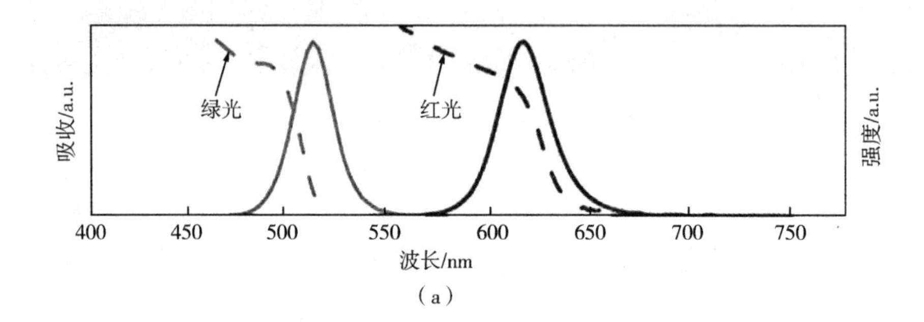

(a)

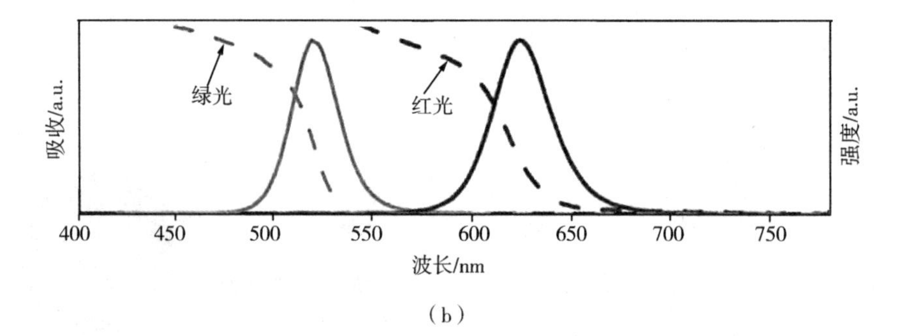

(b)

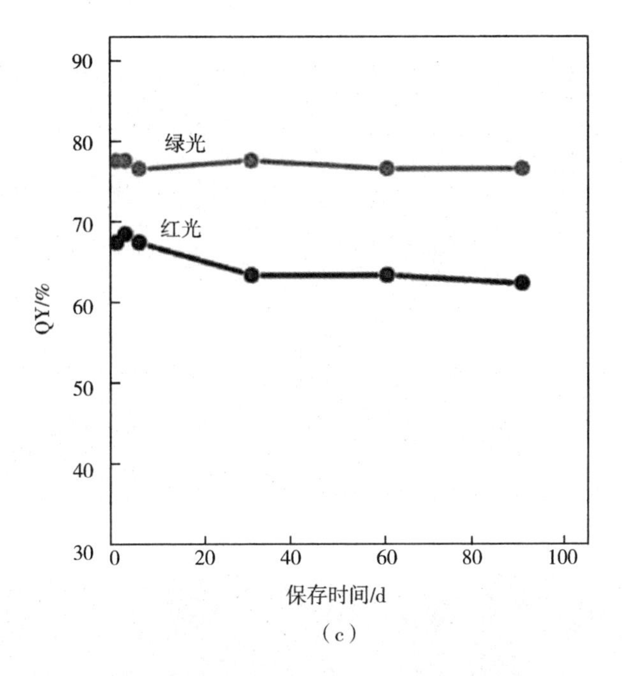

(c)

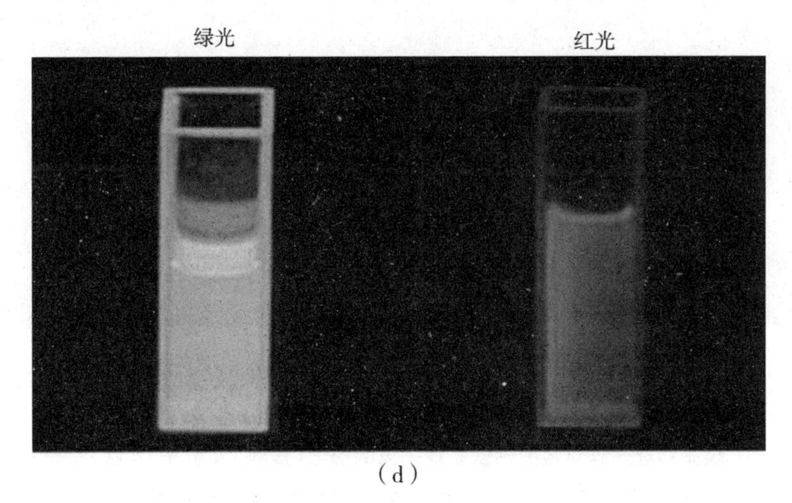

(d)

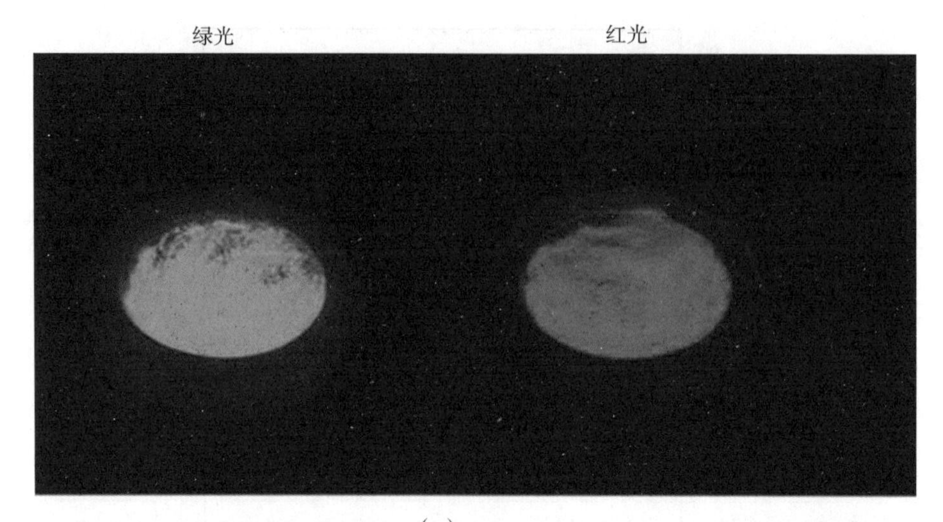

(e)

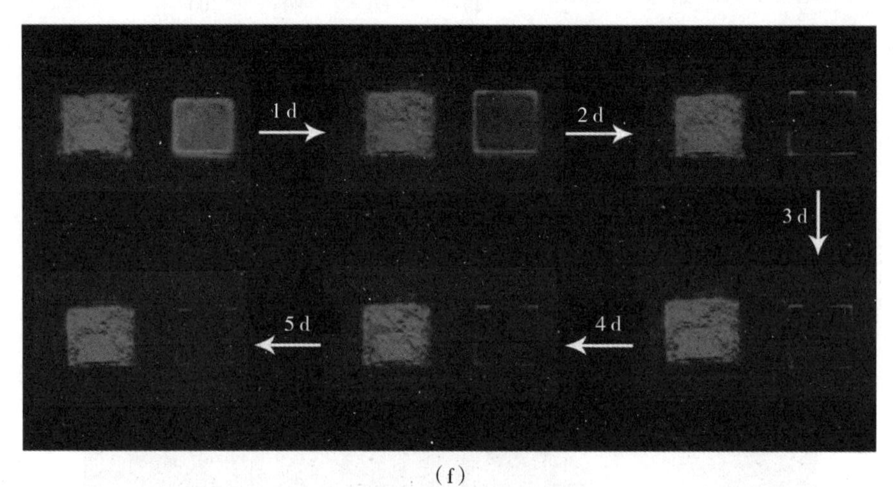

(f)

图 1-13 (a) 新制作的绿光和红光钙钛矿量子点的吸收(虚线)和荧光(实线)光谱,
(b) 绿光和红光硅包覆的钙钛矿量子点的吸收(虚线)和荧光(实线)光谱,
(c) 绿光和红光硅包覆的钙钛矿量子点的荧光量子效率的稳定性,
(d) 紫外光下绿光和红光钙钛矿量子点的照片,
(e) 紫外光下绿光和红光硅包覆的钙钛矿量子点复合材料的照片,
(f) 紫外光下红光硅包覆的钙钛矿量子点复合材料和红油胺-钙钛矿量子点薄膜的照片

1.3.4 金属簇@无机多孔复合发光材料

金属簇是由金属原子构筑而成的纳米团簇。其概念早在20世纪60年代就已被提出,随着科学的发展,其概念在不断地扩展。金属簇受到量子效应的影响,其物化性质因内在结构和电子构型的不同而与块体金属材料存在明显的差异。金属簇的表面能大,稳定性很差,因此裸露的金属簇很难稳定存在,绝大多数情况下需要用配体使其稳定。微孔分子筛包含刚性的骨架结构和平衡骨架电荷的离子,这些会对封装在孔道内的金属簇形成一定的保护作用,从而稳定这些常规状态下无法稳定存在的金属簇。因此,微孔分子筛是比较理想的容纳金属簇客体的主体无机多孔材料。

2009年,Cremer等人[95]发现通过热处理银交换的分子筛,可以合成金属簇@分子筛复合材料,材料展现出荧光发光的特性。平衡阳离子的种类、交换银离子的含量、分子筛骨架的类型都会影响材料的发光性能(如图1-14所示)。

(a)

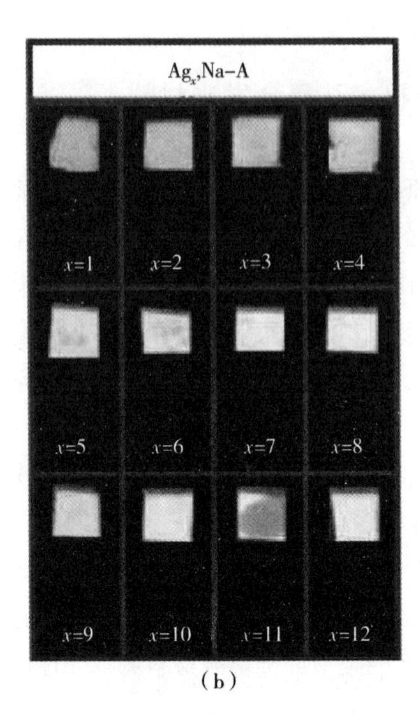

(b)

Ag_x,Ca-A
x=1 x=2 x=3 x=4
x=5 x=6 x=7 x=8
x=9 x=10 x=11 x=12

(c)

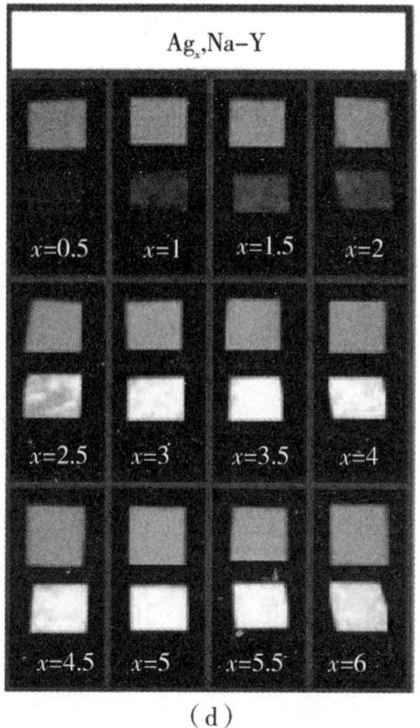

(d)

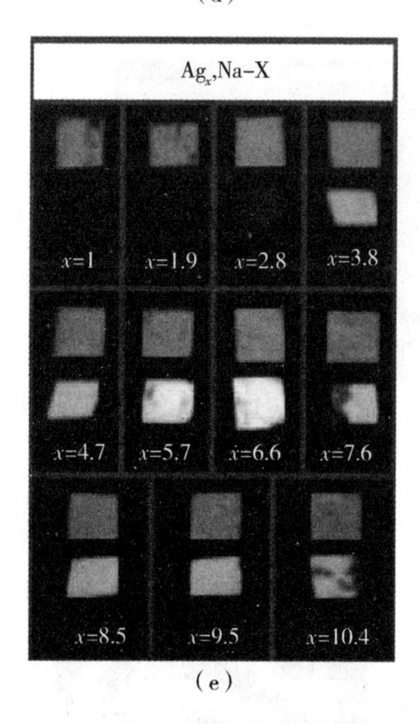

(e)

图1-14 热处理银交换的分子筛照片

按沸石分子筛(a:K-A, b:Na-A, c:Ca-A, d:Na-Y, e:Na-X)分类;对每一个样品,上图表示在室内光照下的照片,下图则是在紫外光(360 nm)激发下的照片

2010 年，Cremer 等人[96]通过双光子活化过程对银离子交换的分子筛微晶进行了光学编码。使用近红外光照射银离子交换的 LTA 分子筛，银离子在局部可以被光化学还原为具有强发光性能的银簇。该银簇一般具有小于 10 个原子的小尺寸，带正电。近红外光的使用可以避免光散射，提高编码的空间分辨率。所得的复合材料展现出了超高的三维编码分辨率、很强的对比度和极好的银簇稳定性（如图1 －15所示）。

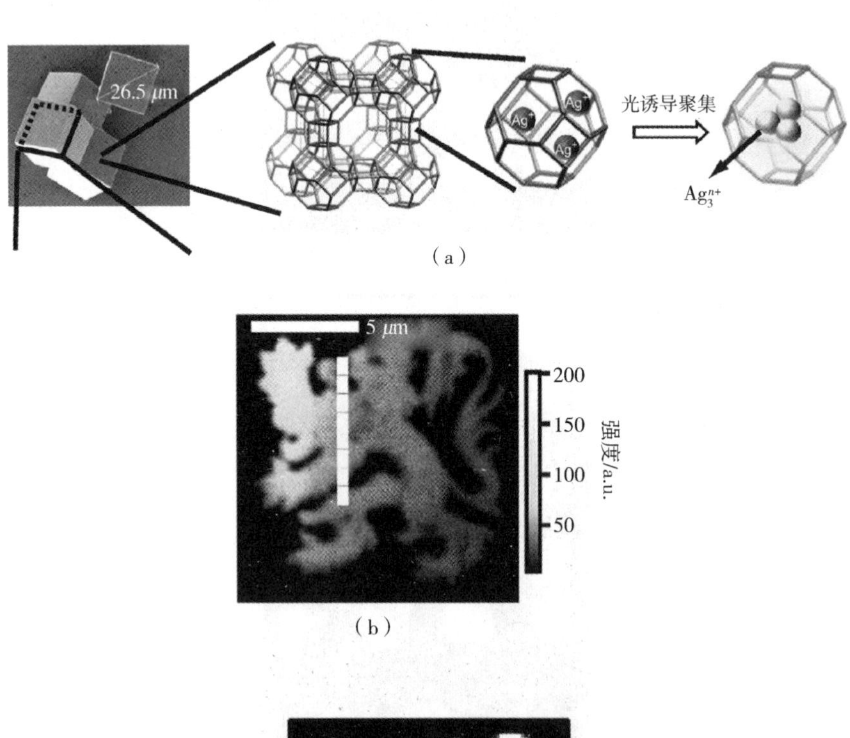

（a）

（b）

（c）

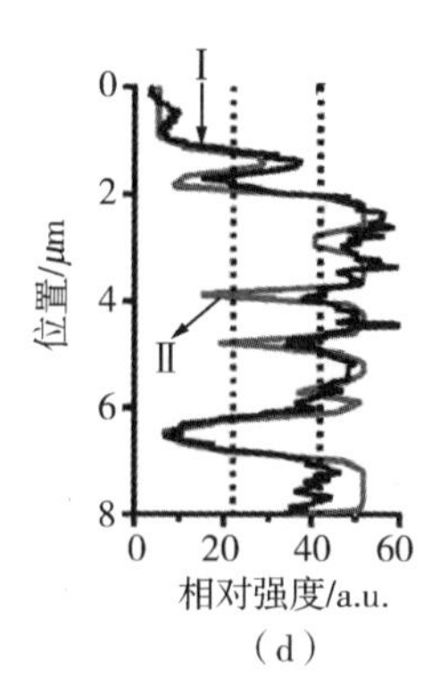

(d)

(e)　　　　　　　　(f)

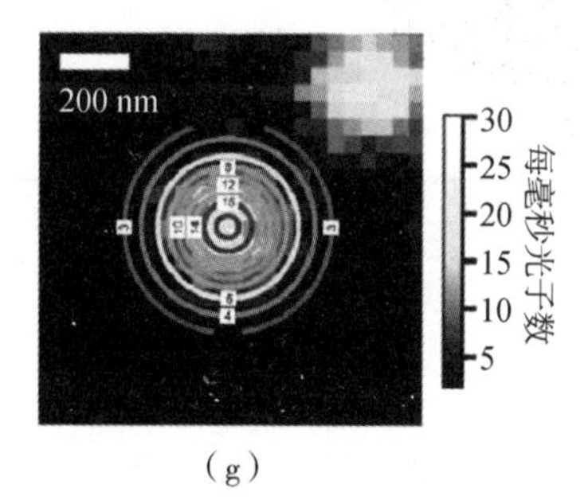

(g)

图1－15　双光子活化的银交换LTA分子筛

(a) 光活化过程示意图,左:分子筛的SEM图像,用聚焦激光照射分子筛,笼中银离子被光化学还原为发光簇;(b) 通过双光子激发在单个分子筛中形成狮子图样的荧光显微镜照片;(c) 用于编码狮子图样的模板;(d) 在模板图案上不同颜色的强度曲线;(e) 银离子分子筛的荧光显微镜照片;(f) 二维码编码图示;(g) 被编码点的放大显示图

2016年,Fenwick等人[97]系统地研究了分子筛空间限域作用对内部形成的银簇的影响、骨架电荷、分子筛中阳离子的种类,发现复合材料的光学性质与电离电势相关,并最终合成出从绿光到深红光的复合发光材料,此材料展示出接近100%的高荧光量子产率(如图1-16所示)。之后,该课题组使用球差矫正扫描透射电子显微镜,限域FAU分子筛中的发光银簇可以被直接观察到。[98]两种不同的银物种限于Ag-FAU分子筛孔道中,绿色发光归结于一种三核的银物种,黄色发光归结于一种四核的银物种。

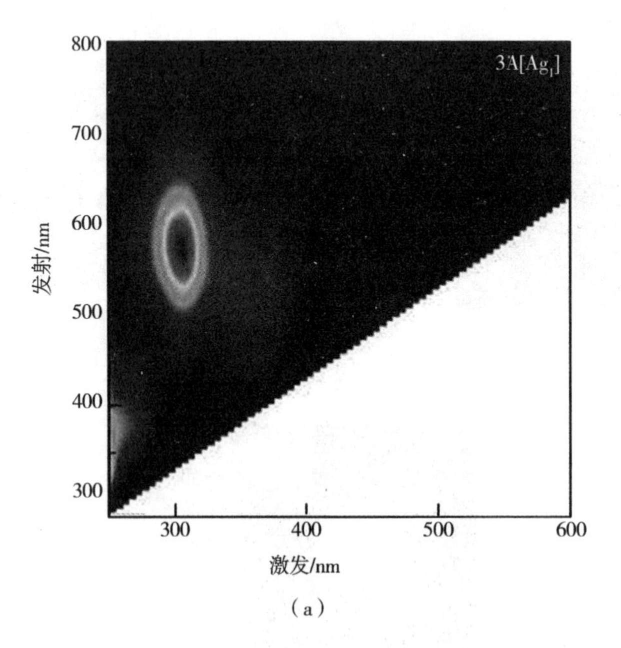

(a)

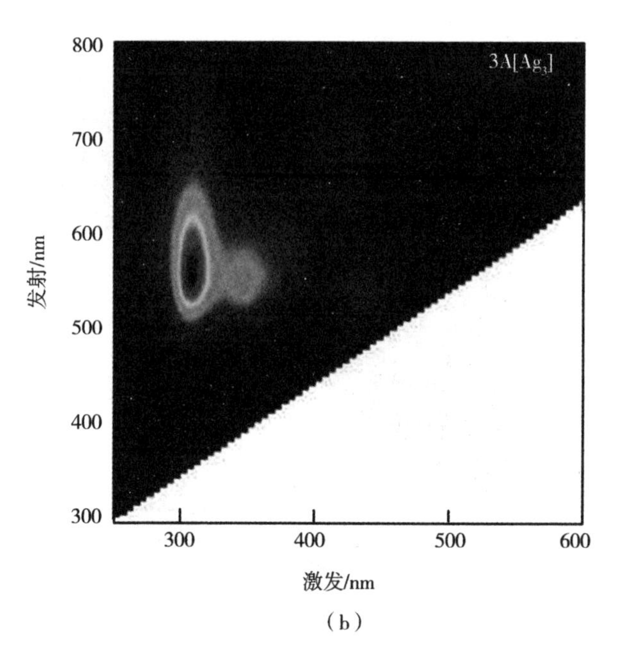
3A[Ag3]
800
700
600
500
400
300
发射/nm
300
400
500
600
激发/nm

(b)

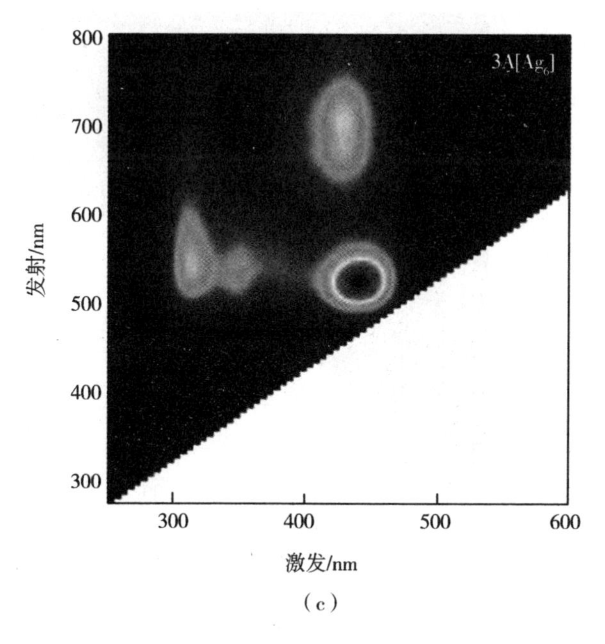
3A[Ag6]
800
700
600
500
400
300
发射/nm
300
400
500
600
激发/nm

(c)

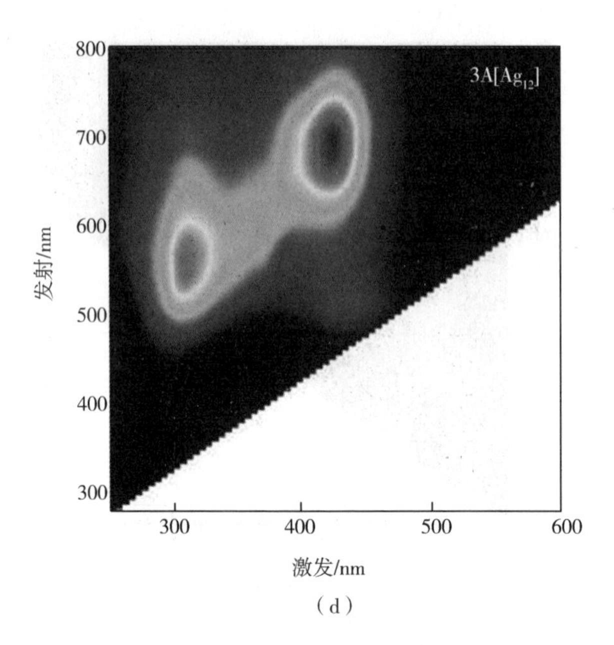
3A[Ag12]
发射/nm
800
700
600
500
400
300
300
400
500
600
激发/nm

(d)

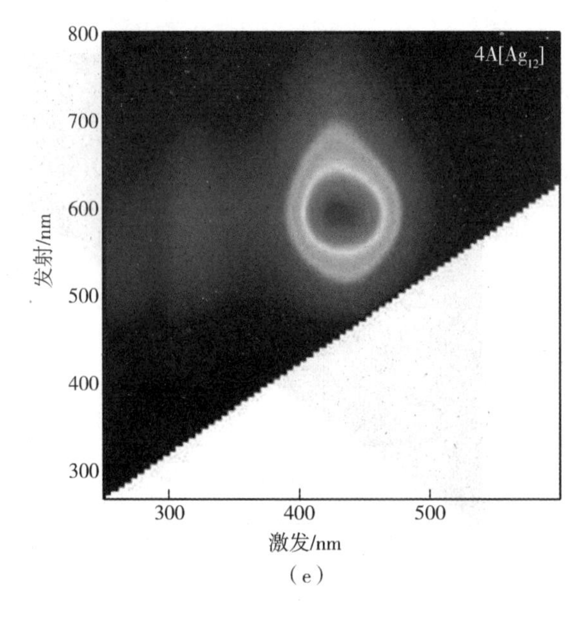
4A[Ag12]
发射/nm
800
700
600
500
400
300
300
400
500
激发/nm

(e)

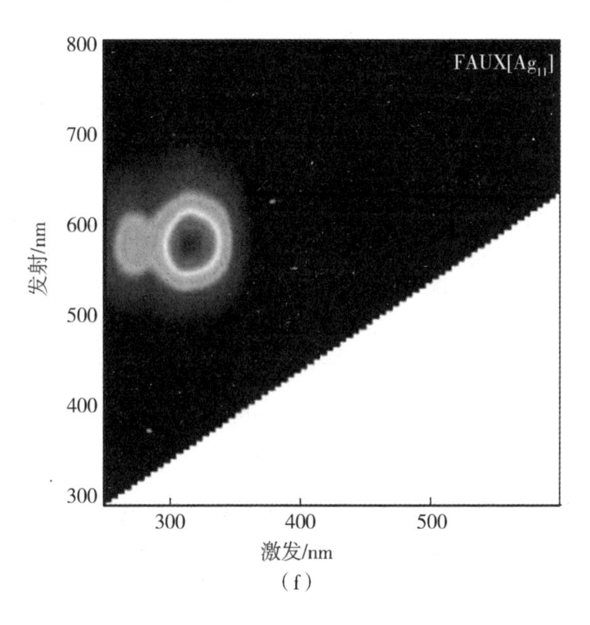
FAUX[Ag11]
800
700
600
500
400
300
发射/nm
300
400
500
激发/nm

(f)

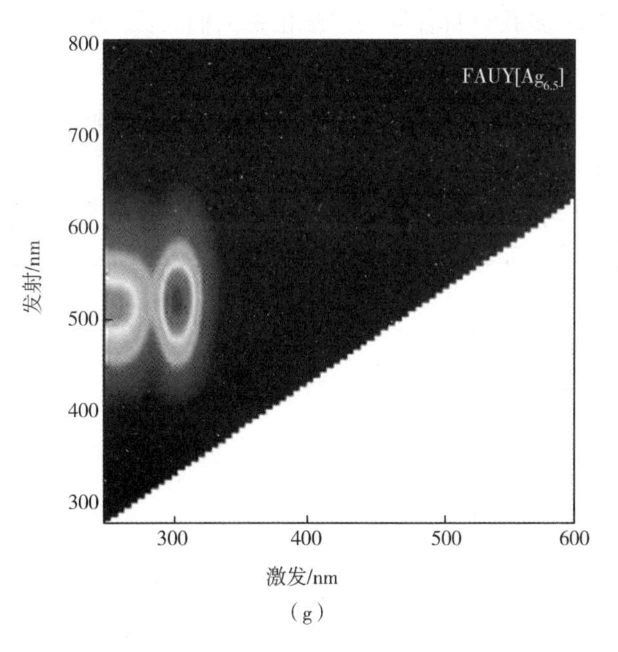
FAUY[Ag6.5]
800
700
600
500
400
300
发射/nm
300
400
500
600
激发/nm

(g)

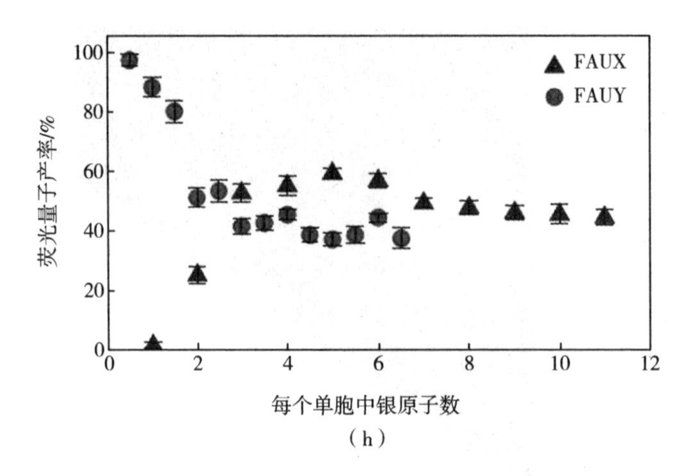

（h）

图 1－16 热处理的银交换分子筛的光致发光特性，银离子交换量、骨架拓扑结构、骨架电荷、分子筛中阳离子的种类可以调节其发光现象

量子点@无机多孔材料合成的方法也是人们关注的焦点。2012 年，Lu 等人[99]开发了一种可将多种纳米粒子封装在 ZIF－8 晶体中的策略。他们通过用表面活性剂聚乙烯吡咯烷酮（PVP）功能化纳米粒子表面，同时优化 ZIF－8 的晶化条件，调整纳米粒子的加入时间，可以很好地控制 ZIF－8 中纳米粒子的空间排布（如图 1－17 所示）。合成的纳米粒子@ZIF－8 复合材料具有催化、磁性、发光等特性，为合成新功能型量子点@无机多孔复合材料提供了一种新的思路。

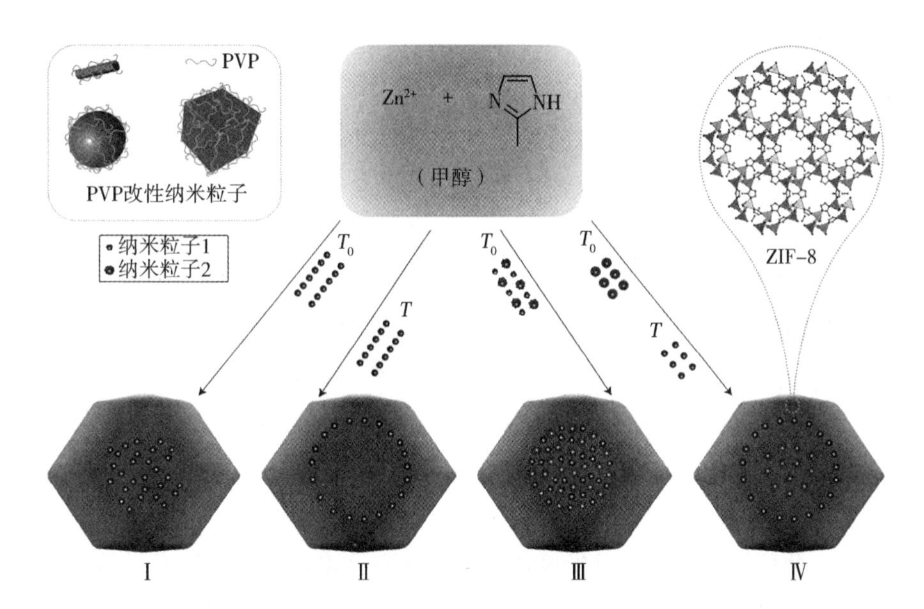

图1－17 在ZIF－8晶体中可控封装纳米粒子的流程示意图
通过表面活性剂PVP改性不同尺寸、形状和组成的纳米离子，
可以将其以自组装的方式封装在ZIF－8晶体中，通过改变纳米粒子的
添加顺序（即在MOF合成过程的起始时间 T_0 添加或在某个
时间 T 添加），合成出不同空间排布的纳米粒子@ZIF－8晶体

随着量子点@无机多孔材料研究的深入，越来越多的具有优异性能的量子点@无机多孔材料不断涌现出来，其合成方法也逐步被完善，拥有新性能的复合材料的开发值得期待。结合本书内容，我们重点关注具有长余辉发光性能的材料。接下来，我们将对长余辉发光材料进行概述。

1.4 长余辉发光材料

1.4.1 长余辉发光材料概述

长余辉发光材料是一类在外界激发下能够将部分能量进行储存，并能将能量以可见光的形式缓慢释放出来的材料。[100－101]故而，长余辉发光材料可以在激发光源停止之后依旧显示出长时间的发光现象。其独特的发光性能及储能、节能等特点使其在照明、防伪、传感及生物成像等领域展现出了巨大的优势。长余辉发光材料的历史可以追溯到17世纪初，意大利鞋匠意外地发现了一种矿物重晶石（博洛尼亚石）有很强的余辉发光现象。[102]虽然直到21世纪，人们对长余辉发光的原理依旧知之甚少，但其有趣的发光现象及广阔的应用前景使科学家们一直对长余辉发光材料抱有浓厚的研究兴趣。

传统的长余辉发光材料主要为金属离子掺杂的无机材料，通过在不同基质材料中掺杂Eu^{2+}、Dy^{3+}、Mn^{2+}等稀土离子或过渡金属离子作为发光中心，可以得到不同余辉性能的长余辉发光材料。[103]虽然无机长余辉发光材料的发展已经相对成熟，但由于其依赖于稀土离子或过渡金属离子作为发光中心，因此其造价相对昂贵且具有一定的生物毒性，这在一定程度上限制了其应用。新型价格低廉、绿色环保的长余辉发光材料是人们研究的热点。有机发光材料由于其相对低廉的价格、灵活多样的合成过程、优异的可加工性和良好的生物相容性等优势逐渐成为研究的热点。相比于无机长余辉发光材料悠久的研究历史，有机长余辉发光材料的研究相对较晚。这主要是由于有机分子的激发态较为活跃，辐射跃迁、非辐射跃迁、能量传递、能量转移等同时存在，其发光寿命的有效调控成为难点。[104]针对上述的问题，有效的解决方法和策略的提出，对开发新型基于有机发光材料的长余辉发光材料至关重要。

对于长余辉发光材料持续发光机制的认识分两类，一类是认为源自材料陷阱中光生电子和光生空穴与发光中心的复合，另一类则是认为源自室温下稳定的长寿命激发态。无机长余辉发光材料被照射激发后，部分激发态电子不能立刻与所产生的空穴复合，激发态电子被缺陷陷阱俘获从而得以存储起来，随着缺陷中的激发态电子与空穴的逐渐释放，能量逐渐以光能的形式被释放出来，从而产生了长余辉发光现象，如图1-18所示。[105]余辉发光的寿命通常取决于晶体所形成的陷阱的种类、深度、浓度等。而对于有机长余辉发光材料，由于有机激子的Frenkel特性，其单重态和三重态的结合能很高，常温下激子很难在光照下分离出电子和空穴。所以，有机长余辉发光材料的机制不同于无机长余辉发光材料的激子分离、捕获、热释放、复合的过程，而是源自长寿命激发态的缓慢衰减的过程。同时，有机长余辉发光材料在低温下余辉发光增强的事实也说明了其发光不是因热扰动而释放出陷阱电子的过程。此外，多数报道的有机发光机制并不能很好地适用于有机长余辉发光材料的发光过程，所以对有机长余辉发光材料的发光机制的探索还在不断深化。下面我们着重对目前研究开发的有机长余辉发光的实现策略及有机长余辉发光材料进行介绍。

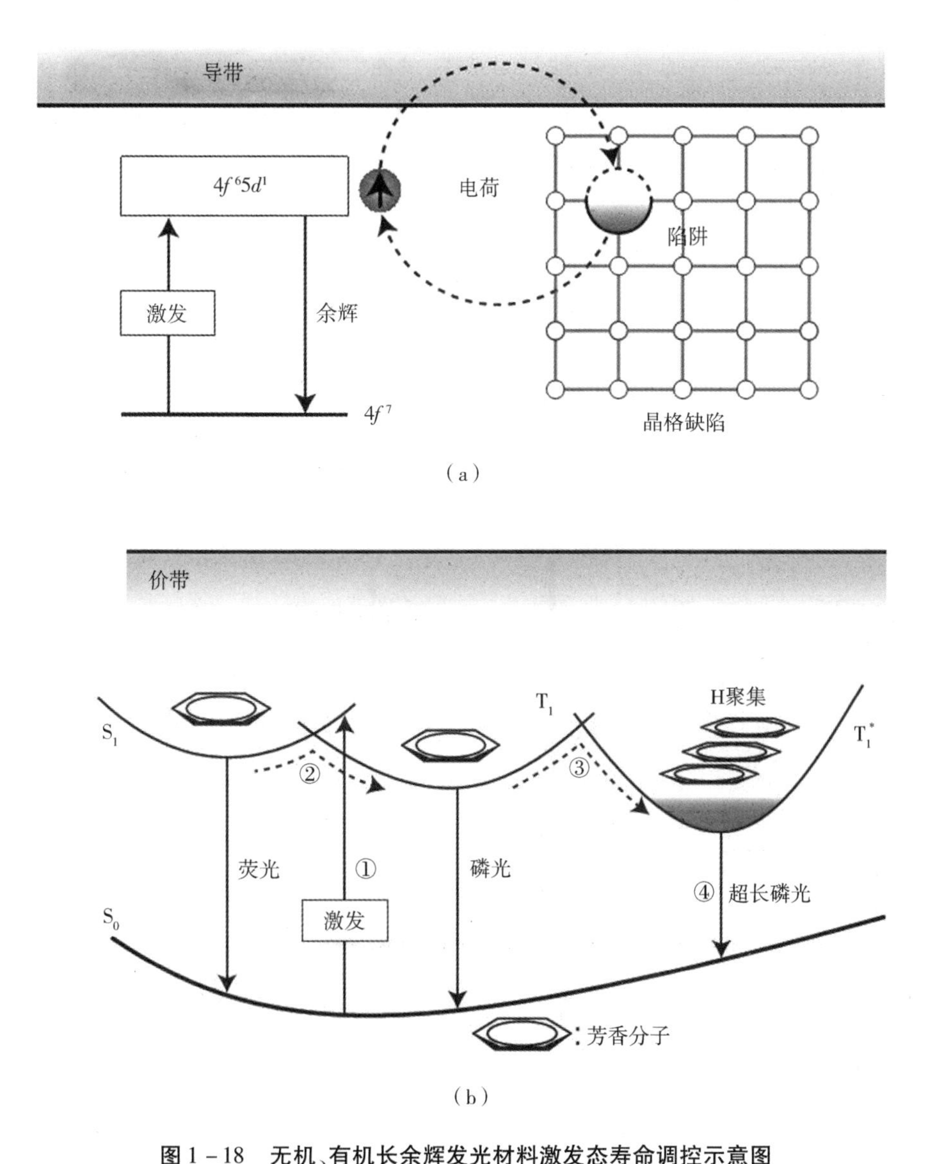

图1－18 无机、有机长余辉发光材料激发态寿命调控示意图

(a)典型的稀土掺杂的无机长余辉发光材料发光机制，(b)超长有机磷光材料的发光机制

1.4.2 有机长余辉发光概述

有机发光因辐射跃迁过程不同,可呈现出荧光和磷光两种基本形式。[106]荧光是指电子在相同自旋多重度的能级间跃迁,从而辐射出的光能;而磷光则是电子需要在不同自旋多重度的能级间跃迁,进而发出的光。[107]相比于无机发光材料,有机发光材料的激发态通常是高度活跃的,其辐射跃迁和非辐射跃迁过程非常迅速,且由于其多变的激发态结构,发光过程更为复杂。除了传统的荧光和磷光外,热致延迟荧光(TADF)[108]、杂化电荷转移激发态(HLCT)[109]、三重态-三重态淬灭(TTA)[110]及单态裂变(SF)[111]等发光过程相继被报道。图1-19展示了上述有机发光材料的光物理过程。

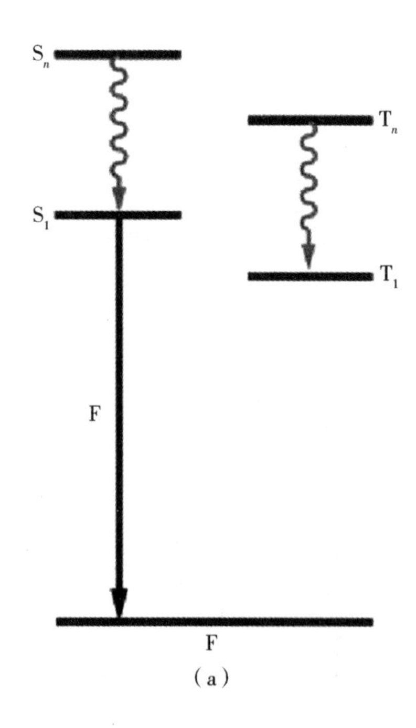

(a)

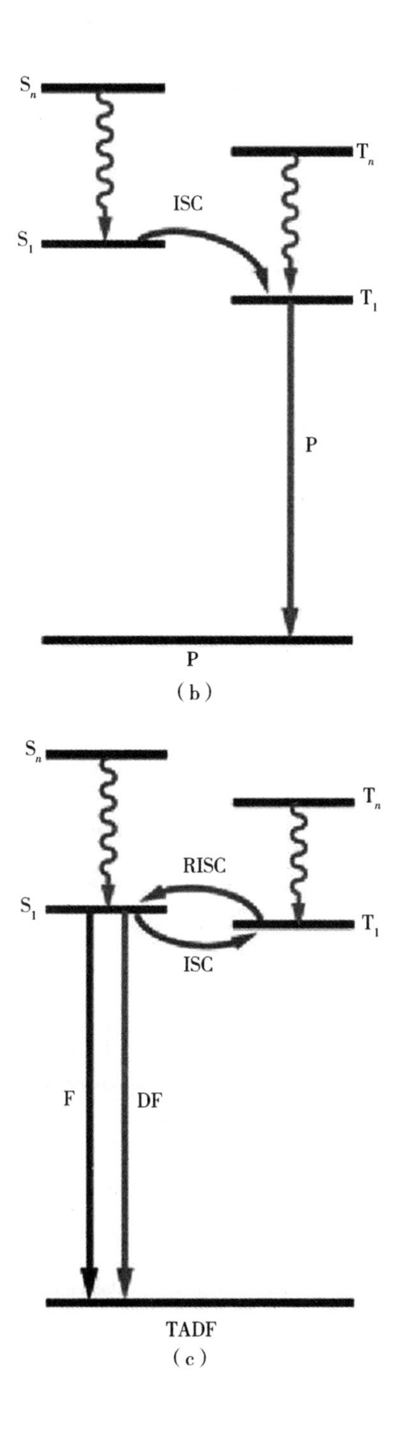

（b）

（c）

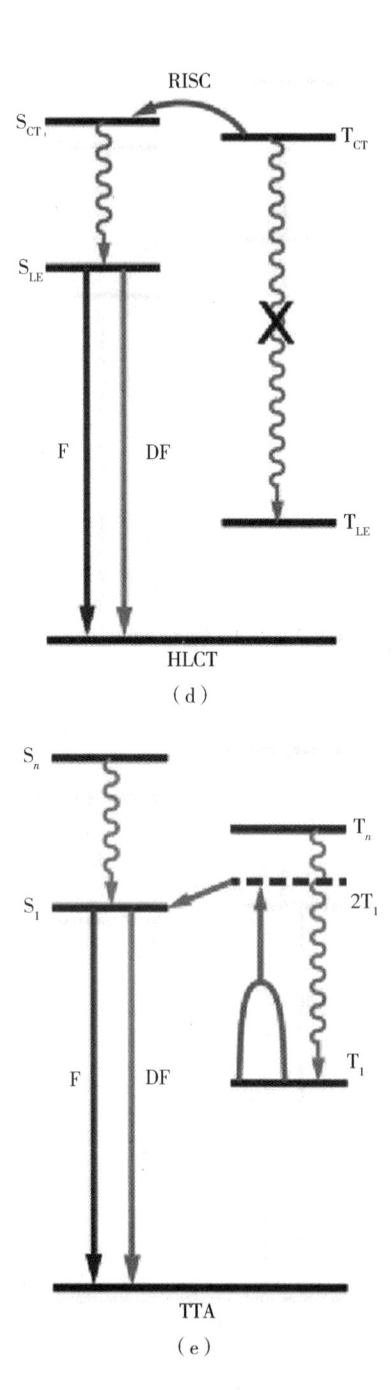
RISC
S_{CT}
T_{CT}
S_{LE}
F
DF
T_{LE}
HLCT
(d)
S_n
T_n
$2T_1$
S_1
F
DF
T_1
TTA
(e)

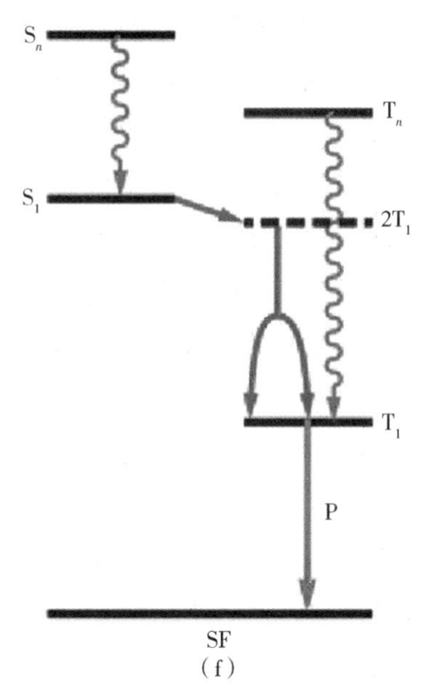

(f)

图1-19 有机发光材料的荧光(F)、磷光(P)、
热致延迟荧光(TADF)、杂化电荷转移激发态(HLCT)、
三重态-三重态淬灭(TTA)及单态裂变(SF)发光过程示意图

然而,传统的有机发光材料的发光寿命通常为几微秒甚至更短,其余辉很难在常温空气环境中被肉眼或常见的相机捕捉到。而有机长余辉发光材料则呈现独特的光物理特性,它们不光具有更长的发光寿命,同时其余辉发光也可展现特殊的温度、环境、机械响应行为。目前报道的有机长余辉发光材料主要为室温磷光材料和延迟荧光材料,结合本书内容,下面对室温磷光材料和热致延迟荧光材料进行介绍。

1.4.2.1 室温磷光材料

目前报道较多的具有较长激发态寿命的有机发光材料是室温磷光材料。以含重金属的金属有机配合物为主要代表,其发光寿命通常处于微秒量级。延长金属有机配合物的磷光寿命需要极大程度上促进其系间窜跃过程以及从三重激发态(T_1)到单重激发态(S_1)的辐射跃迁过程,这同时意味着弛豫跃迁速率大,故而想要将磷光寿命延长至秒的数量级是相当困难的。另一方面,对于无金属的有机发光材料，由于三重激发态和单重激发态间的跃迁过程是自旋禁阻的，故材料通常显示出极弱的磷光。为了得到高效的磷光材料，羰基基团、杂原子或重原子被引进到 π 共轭分子体系中，基团的引入促进了 n—π* 跃迁过程，从而促进了从单重态到三重态的跃迁过程，室温磷光现象得以有效实现。然而，如此设计的有机分子的磷光寿命依旧小于 20 ms。

为进一步延长纯有机磷光材料的室温磷光寿命，对损耗三重激发态的因素进行抑制也很关键。三重激发态的非辐射跃迁过程就是其中之一，通过构筑刚性分子结构以及隔绝氧和水分等淬灭三重激发态物种的因素，非辐射跃迁过程会相应被削弱。另一方面，通过调节自旋耦合和振动耦合的程度，三重激发态到单重激发态的禁阻跃迁可以部分被允许，同时三重激发态缓慢的辐射跃迁过程也使长寿命的磷光现象成为可能。此外，利用能够稳定并保护三重激发态的固体基质也是实现有机长余辉发光的一大途径。

1.4.2.2 热致延迟荧光材料

近年来，热致延迟荧光材料作为新一类的具有较长激发态寿命的有机发光材料而被广泛研究。[112] 这类材料具有较小的单重态和三重态能级差（ΔE_{ST}），可以在环境热能辅助下通过反系间窜跃过程实现三重态激子到单重态激子的转变，进而使其理论上的内量子效率达到 100%。目前，热致延迟荧光材料在有机光电器件、传感器、生物成像领域的研究已广泛开展。[113-115] 研究报道的热致延迟荧光材料主要基于金属有机配合物[例如 Cu(Ⅰ)，Ag(Ⅰ)和 Au(Ⅰ)的配合物[116]]和纯有机分子(例如有机给体-受体分子[117-118] 和富勒烯[119])，但它们的寿命通常局限于几微秒到几毫秒的范围，长寿命发光的热致延迟荧光材料还较难得到。有效抑制非辐射跃迁过程、稳定三重态能量是实现热致延迟荧光材料长寿命的关键。

1.4.3 有机长余辉发光材料研究进展

最早对有机长余辉发光材料的报道可以追溯到 19 世纪 30 年代，Clapp[120] 观察到四苯甲烷及四苯基硅烷衍生物的晶体可以在室温条件下展现长达 23 s 的蓝绿色余辉发光，他提出材料中少量的杂质是余辉发光的根源。在 1967 年，

Kropp 及 Dawson[121]报道分散于聚甲基丙烯酸甲酯中的六苯并苯及氘代六苯并苯在室温条件下呈现出 6 s 及 23 s 的磷光。19 世纪 70 年代,研究发现吸附于纸张、二氧化硅、氧化铝及纤维素上的多核羧酸或磺酸、苯酚及胺可以呈现很强的余辉,这种现象是因为这些离子态的发光分子通过氢键作用吸附于基质材料表面的羟基基团上,从而形成了必要的刚性结构来限制三重激发态以非辐射跃迁的形式淬灭,也限制了氧对三重激发态的淬灭,从而呈现出室温磷光的发光现象。[122-123]大约 30 年过后,有机长余辉发光材料的研究又重新掀起了新的狂潮。2007 年,Payne 等人[124]将一种经典二氟化硼化合物染料与聚乳酸反应,合成出了新型生物相容性荧光聚合物。该化合物突破了传统二氟化硼化合物固体只在低温下才能发出磷光的壁垒,在室温条件下即可发出具有 0.17 s 寿命的磷光。2013 年,Hirata 等人[125]开发了寿命长于 1 s、量子效率高于 10% 的红-绿-蓝余辉发光的有机主客体材料。同年,人们通过将碳点分散于聚乙烯醇基质之中,也发现了寿命为 0.38 s 的磷光。[126]2015 年,An 等人通过在分子聚集体结构中引入 H-聚集体结构,实现了一系列单组分有机材料的室温长余辉发光,其有机长余辉发光寿命长达 1.35 s。随着有机长余辉发光材料研究的不断深入,多组分主客体材料、单组分小分子材料、聚合物材料、碳点复合材料、金属-有机骨架材料等一系列有机长余辉发光材料被相继报道,图 1-20 展示了几则代表性示例。下面,结合多孔材料的研究背景,我们将对基于碳点和金属-有机骨架材料的长余辉发光材料的研究进展进行具体介绍。

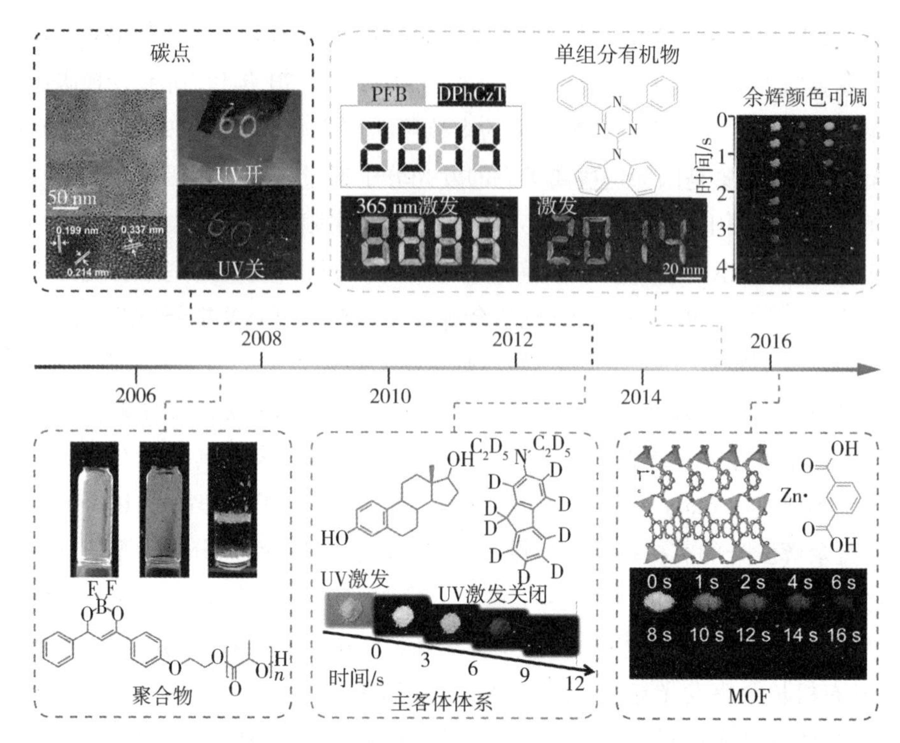

图 1-20 典型的有机长余辉发光材料研究进程

1.4.3.1 基于碳点的长余辉发光材料

作为新一代的纳米荧光材料,荧光碳点以其较高的光稳定性、较低的毒性、良好的生物相容性、高的荧光量子效率等特点而展现出广阔的应用前景。通常情况下,碳点在室温条件下呈现强的荧光性能,但其并不能显现磷光性能。然而,科学家们发现,当将碳点分散于 PVA 基质中时,紫外光关闭后,可以观察到 500 nm 处的磷光,其磷光寿命为 0.38 s。[126] 对于这种长寿命磷光产生的原因,一方面,碳点表面的芳香羰基可以促进三重激发态的形成,另一方面,PVA 可以通过氢键作用很有效地限制碳点表面的官能基团的振动和转动,有效抑制非辐射跃迁过程,从而导致了磷光现象的产生。Jiang 等人[67] 发现将间苯二胺制备的荧光碳点分散于 PVA 中后,材料可以发出寿命为 0.46 s 的磷光。这种现象主要归因于碳点表面的 C—N/C ═N 官能基团与 PVA 的相互作用。同时,由于碳点独特的上转换发光性能,他们开发了材料的三模式发光现象,展现了其在防伪领域的优势(如图1-21所示)。

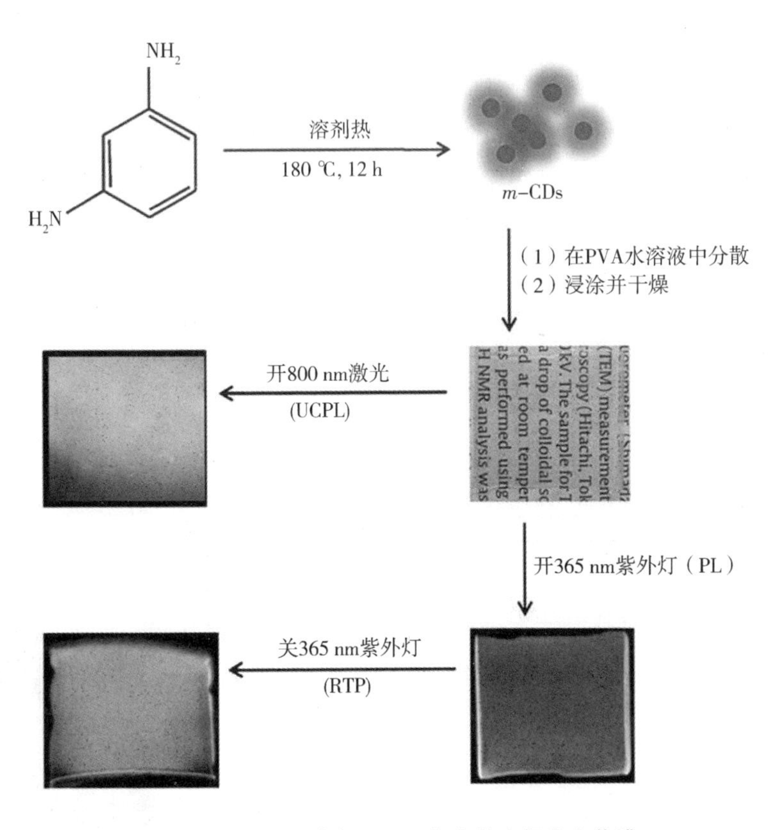

图1-21 碳点@PVA复合长余辉发光薄膜材料的制备流程及三模式发光示意图

近年来,碳点固载于其他基质材料中的长余辉发光现象也相继被报道。固载于明矾 $KAl(SO_4)_2 \cdot xH_2O$ 基质中的碳点复合材料展现出了0.71 s的磷光寿命。实验发现,材料具有较长的磷光寿命,这说明明矾可以作为一种能较为有效地抑制非辐射跃迁、稳定三重态的基质材料,从而复合材料可以展现较长的余辉发光寿命。

分散于聚氨酯基质中的N掺杂碳点也可以在室温条件下展现出磷光和延迟荧光的发光特性。不同的是,复合材料对氧很敏感,这也为其在氧气传感方面的应用提供了可能。

近期,Jiang 等人[58]同样以利用间苯二胺制备的荧光碳点为原料,开发了一种新的长余辉发光材料合成策略(如图 1－22 所示)。他们将碳点通过共价键作用固载于纳米硅球上,所合成的复合材料在水分散相中可显示出寿命达 0.703 s 的长余辉发光特性。同时,材料对水中溶解的氧气也并不敏感,保证了其更广泛的应用领域。材料的余辉发光以延迟荧光为主,同时包含少量的磷光。研究发现,共价键相互作用对固定和稳定三重态发光物种起到关键作用;相较于用氢键稳定三重态的方法,共价键稳定三重态的策略可以更有效地将材料的应用范围从固态的长余辉发光材料延伸至溶液分散形式;此外,碳点表面包含的不饱和 C ═C 键在光照条件下与氧进行反应,从而使材料的长余辉发光免受氧的淬灭影响。

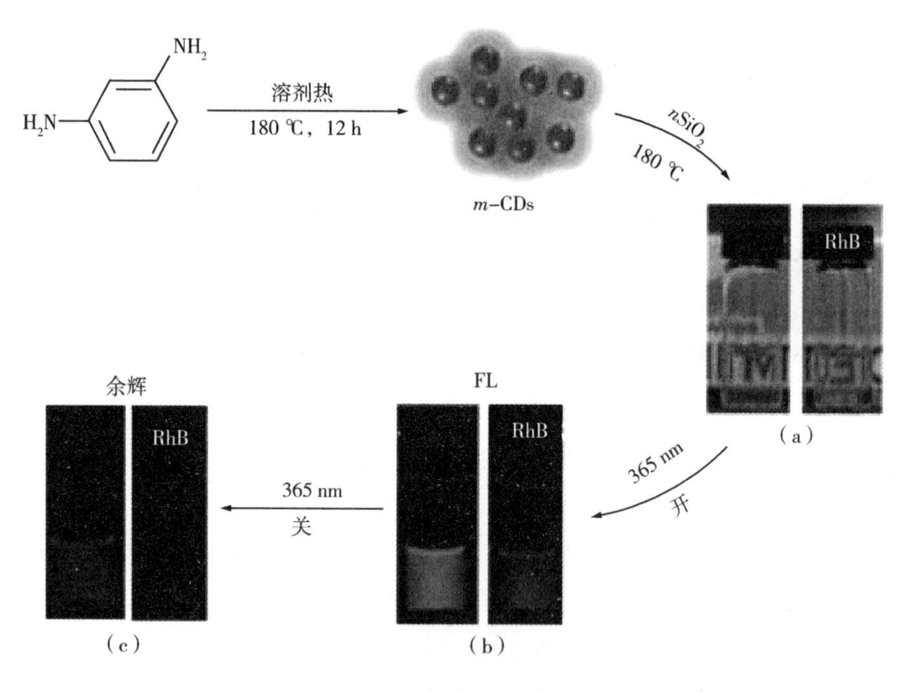

图 1－22　制备碳点@二氧化硅复合长余辉发光材料的流程示意图

以上示例展示了将碳点固载于刚性基质材料之中的方法,是一种可行的制备高效长余辉发光材料的策略。但由于目前报道的碳点基复合材料的余辉发光寿命较短,尚不能用于照明或生物成像的商业应用,因此通过合适的基质来稳定碳点的三重态激子,以延长其寿命,是需要解决的主要问题。

1.4.3.2 金属-有机骨架长余辉发光材料

金属-有机骨架(MOF)材料是由无机金属中心和有机配体相互连接,形成的一类具有周期性结构的多孔晶体材料。其结构的多样性和可调控性使之在气体储存和分离、催化、载药、能量储存和转化等方面展现出巨大优势。其中,具有发光性能的 MOF 材料因其简便的合成过程、可控的结构等优势已被应用于发光二极管、生物成像及化学传感等领域。而对于制备有机长余辉发光材料,MOF 材料可以将有机配体配位于无机离子上,这种合成策略对于实现长余辉非常有效其原因是:

其一,通过金属离子实现的重金属效应能够有效地促进自旋轨道耦合,活化三重态激子的生成;其二,有机金属配合物具有很强的配位相互作用,能增强有机配体分子的刚性,限制分子振转,从而减少非辐射跃迁过程,实现高效的磷光发射。

Yan 等人[127]通过将对苯二甲酸(TPA)、间苯二甲酸(IPA)、均苯三甲酸(TMA)与非贵重金属或稀土离子的 Zn^{2+} 和 Cd^{2+} 配位,成功合成了一系列长余辉磷光发光 MOF 材料。其中,Zn-IPA MOF 材料[结构如图 1-23(a)所示]展现了长达 1.3 s 的室温磷光寿命。此外,材料的磷光展现出对 pH 和热的可逆的响应性。除了刚性的长余辉室温磷光 MOF 材料,他们[128]同时研究了 Zn-TPA-DMF 和 MOF-5[结构如图 1-23(b),(c)所示]的长余辉磷光现象。材料同样显示出了温度响应的磷光性质。同时,两个材料的磷光对吡啶有很强的响应性(如图1-24 所示),通过吡啶溶液的处理,Zn-TPA-DMF 的磷光可以从蓝绿色变化到黄色,MOF-5 的磷光可以从绿光变化到红光,这种变化使材料在吡啶传感方面具有潜在的应用价值。2016 年,Huang 等人[129]合成了一例包含两性长链模板剂的层状磷酸镓,该材料也显现出余辉发光的性能。

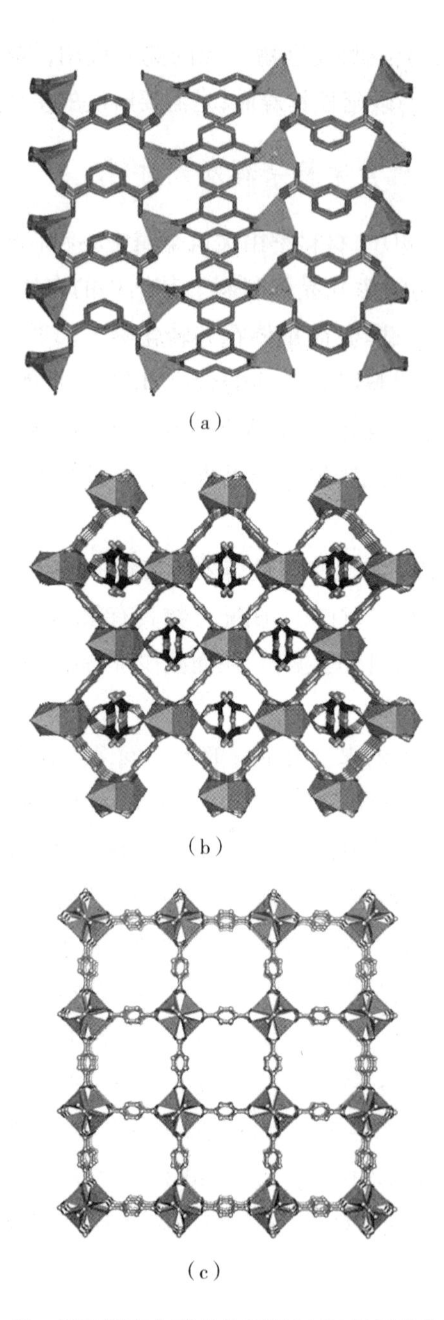

（a）

（b）

（c）

图1-23 具有长寿命磷光性质的MOF材料的结构图

（a）Zn-IPA MOF 材料，（b）Zn-TPA-DMF，（c）MOF-5

图1-24 基于主客体相互作用的可控磷光 MOF 材料示意图

此外,MOF 材料刚性的骨架结构和规则的孔道结构使其可以充当理想的主体材料,有效限域稳定客体发光分子,抑制其非辐射跃迁过程,从而延长客体分子的三重态发光寿命,实现长余辉发光性能。通过将氘代的六苯并苯引入到沸石咪唑酯骨架材料 ZIF-8 的孔结构之中,Mieno 等人[130]合成了室温下余辉发光寿命达22.4 s的长余辉发光材料(如图1-25所示)。值得注意的是,材料在460 K温度下依旧可以显示出0.4 s的余辉寿命,其在高温下优异的热稳定性揭示了 MOF 材料在封装、隔离有机发光体,调控有机发光体激发态寿命方面独特的潜力,为制备高温工作的有机长余辉发光材料提供了一种新的途径。

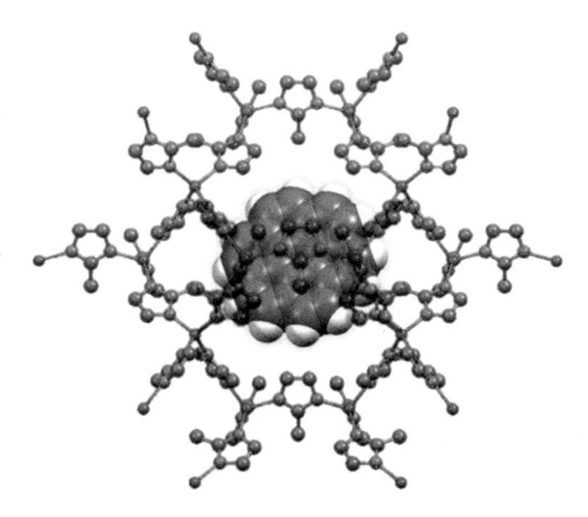

图1-25 六苯并苯@ZIF-8 结构示意图

Gao 等人[131-132]通过层层自组装的方法，将有机发光分子插入到黏土纳米层中，构筑了具有长余辉发光性能的无机有机杂化薄膜。材料可以应用于湿度、氧气和 VOCs 传感检测领域。它们也呈现了磷光在二维有序晶体界面上的能量转移过程。[133]由于二维主体材料可以起到空间限域的作用，他们将发光的给体和受体分子规则地排布于二维主体材料之中，其能量转移效率可以高达 99.7%（如图 1-26 所示）。

即使没有 MOF 规则的开放骨架结构，配位金属聚合物（CP）同样可以展现长寿命室温磷光性质。Yang 等人[134]通过将 Cd^{2+} 分别与间苯二甲酸和苯并咪唑配位，合成了两种基于 Cd 的配位金属聚合物（CP1 和 CP2）。这两种二维层状 CP 的结构由层间的 C—H—π 和 π—π 相互作用稳定，展现出了寿命为 0.70 s和 0.76 s 的室温磷光性质。材料在水中同样可以发出寿命为 0.40 s 和 0.54 s 的磷光。通过改变配体的配位环境，CP 的磷光寿命可以被调控。更有趣的是，CP2 呈现可逆的 pH 响应磷光行为，这为材料在 pH 传感方面的应用开启了大门。之后，他们[135]又报道了镧系金属配位（Eu^{3+} 和 Tb^{3+}）聚合物，应用其可调控的荧光磷光变化和摩擦变色等性质，设计了多重响应的逻辑门控制材料。

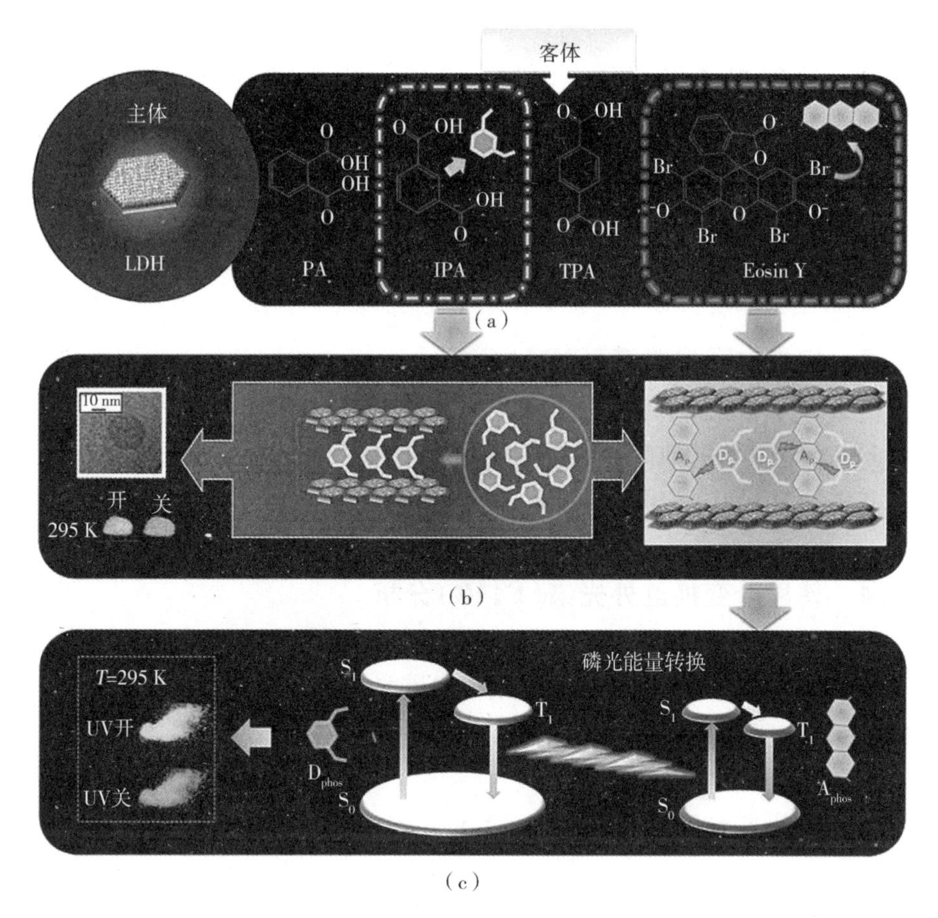

图1-26 水滑石主体材料和电子给受体分子以及其间的磷光能量转移过程示意图

1.5 采用的表征手段以及测试方法

1.5.1 X射线粉末衍射(XRD)分析

D/MAX-2550型X射线衍射仪,Cu Kα (λ = 1.541 8 Å),管电压50 kV,管电流200 mA,扫描范围2θ为4°~40°,扫描速率1°/min。

1.5.2 透射电子显微镜(TEM)和高分辨透射电子显微镜(HR-TEM)分析

Tecnai G2 S－Twin F20 型透射电子显微镜;

Tecnai G2 60－300 型透射电子显微镜。

1.5.3 扫描电子显微镜(SEM)分析

FE－SEM 6700F 型扫描电子显微镜;

JSM－6510 型扫描电子显微镜。

1.5.4 傅里叶变换红外光谱(FTIR)分析

FTIR IFS－66 V/S 型红外光谱仪,以光谱纯 KBr 为背底,扫描范围为 400～4 000 cm^{-1}。所得数据经过基线校准。

1.5.5 固体紫外可见吸收光谱(UV－Vis)分析

U－4100 型紫外可见分光光度计,以中性 Al_2O_3 为背底。

1.5.6 X 射线光电子能谱(XPS)分析

Escalab 250 型光谱仪。

1.5.7 高效液相色谱质谱联用(LC－HRMS)分析

高效液相色谱仪 1290 和高分辨质谱仪 micro TOF－Q Ⅱ联用。

1.5.8 元素组成分析

电感耦合等离子体(ICP)分析是在 Optima 3300 DV 型分光仪上进行的;
碳、氢、氮分析是在 2400 元素分析仪上进行的;
氟离子浓度是以 LE 302 为参比电极测试的。

1.5.9 热重分析(TGA)

TA Q500 型分析仪,空气氛围,以 10 ℃/ min 从室温升温至 800 ℃。

1.5.10 光致发光性能测试

激发发射二维光谱是在 Fluoro Max -4 型荧光光谱仪上测得的;
稳态光谱、余辉发光光谱是在 Fluoro Max -4 型荧光光谱仪上测得的;
时间分辨荧光衰减光谱(荧光寿命光谱)是在 Fluoro Max -4 型荧光光谱仪上测试的,荧光寿命数据是在 DAS 6 软件上使用多指标模型进行分析的,通过 $\tau_{av} = \Sigma A_i \tau_i^2 / \Sigma A_i \tau_i$ 计算平均寿命,A_i 是寿命 τ_i 的指前因子;
变温寿命测试是在配有微秒灯的 FLS 920 型荧光光谱仪上测试的;
荧光量子产率是在 FLS 920 型荧光光谱仪上用积分球进行测量的;
温度响应光致发光光谱是在 FLS 980 型荧光光谱仪上测得的;
所有光致发光光谱均是在空气条件下测得的。

1.5.11 荧光显微镜测试

BX 51,紫外、蓝光和绿光在激发下通过 450 nm、550 nm、580 nm 的带宽过滤器拍摄。

参考文献

[1]Z. Wang, J. Yu, R. Xu. Needs and trends in rational synthesis of zeolitic ma-

terials[J]. Chemical Society Reviews, 2012, 41(5): 1729 - 1741.

[2]J. Li, A. Corma, J. Yu. Synthesis of new zeolite structures[J]. Chemical Society Reviews, 2015, 44(20): 7112 - 7127.

[3]N. Wang, Q. Sun, R. Bai, et al. In situ confinement of ultrasmall Pd clusters within nanosized silicalite - 1 zeolite for highly efficient catalysis of hydrogen generation[J]. Journal of the American Chemical Society, 2016, 138(24): 7484 - 7487.

[4]J. Yu, R. Xu. Rational approaches toward the design and synthesis of zeolitic inorganic open-framework materials[J]. Accounts of Chemical Research, 2010, 43(9): 1195 - 1204.

[5]O. M. Yaghi, H. Li, C. Davis, et al. Synthetic strategies, structure patterns, and emerging properties in the chemistry of modular porous solids(Article)[J]. Accounts of Chemical Research, 1998, 31(8): 474 - 484.

[6]H. Li, M. Eddaoudi, M. O'keeffe, et al. Design and synthesis of an exceptionally stable and highly porous metal-organic framework[J]. Nature, 1999, 402(6759): 276 - 279.

[7]C. T. Kresge, M. E. Leonowicz, W. J. Roth, et al. Ordered mesoporous molecular sieves synthesized by a liquid-crystal template mechanism[J]. Nature, 1992, 359(6397): 710 - 712.

[8]D. Zhao, J. Feng, Q. Huo, et al. Triblock copolymer syntheses of mesoporous silica with periodic 50 to 300 angstrom pores[J]. Science, 1998, 279(5350): 548 - 552.

[9]R. Ryoo, J. M. Kim, C. H. Ko, et al. Disordered molecular sieve with branched mesoporous channel network[J]. The Journal of Physical Chemistry, 1996, 100(45): 17718 - 17721.

[10]R. Ryoo, S. H. Joo, S. Jun. Synthesis of highly ordered carbon molecular sieves via template-mediated structural transformation[J]. The Journal of Physical Chemistry B, 1999, 103(37): 7743 - 7746.

[11]Y. Meng, D. Gu, F. Zhang, et al. A family of highly ordered mesoporous polymer resin and carbon structures from organic-organic self-assembly[J].

Chemistry of Materials, 2006, 18(18): 4447 –4464.

[12]O. D. Velev, T. A. Jede, R. F. Lobo, et al. Porous silica via colloidal crystallization[J]. Nature, 1997, 389(6650): 447 –448.

[13]Y. Li, Y. Hu, Y. Zhao, et al. An electrochemical avenue to green-luminescent graphene quantum dots as potential electron-acceptors for photovoltaics [J]. Advanced Materials, 2011, 23(6): 776 –780.

[14]V. Gupta, N. Chaudhary, R. Srivastava, et al. Luminscent graphene quantum dots for organic photovoltaic devices[J]. Journal of the American Chemical Society, 2011, 133(26): 9960 –9963.

[15]L. Chen, C. X. Guo, Q. Zhang, et al. Graphene quantum-dot-doped polypyrrole counter electrode for high-performance dye-sensitized solar cells[J]. ACS Applied Materials & Interfaces, 2013, 5(6): 2047 –2052.

[16]L. Tang, R. Ji, X. Cao, et al. Deep ultraviolet photoluminescence of water-soluble self-passivated graphene quantum dots[J]. ACS Nano, 2012, 6(6): 5102 –5110.

[17]W. Kwon, S. Do, J. Lee, et al. Freestanding luminescent films of nitro gen-rich carbon nanodots toward large-scale phosphor-based white-light-emitting devices[J]. Chemistry of Materials, 2013, 25(9): 1893 –1899.

[18]W. W. Liu, Y. Q. Feng, X. B. Yan, et al. Superior micro-supercapacitors based on graphene quantum dots[J]. Advanced Functional Materials, 2013, 23(33): 4111 –4122.

[19]W. Liu, X. Yan, J. Chen, et al. Novel and high-performance asymmetric micro-supercapacitors based on graphene quantum dots and polyaniline nanofibers [J]. Nanoscale, 2013, 5(13): 6053 –6062.

[20]H. Li, X. He, Z. Kang, et al. Water-soluble fluorescent carbon quantum dots and photocatalyst design[J]. Angewandte Chemie International Edition, 2010, 49(26): 4430 –4434.

[21]S. Zhuo, M. Shao, S. T. Lee. Upconversion and downconversion fluorescent graphene quantum dots: ultrasonic preparation and photocatalysis[J]. ACS Nano, 2012, 6(2): 1059 –1064.

[22]M. Zheng, Z. Xie, D. Qu, et al. On-off-on fluorescent carbon dot nanosensor for recognition of chromium(Ⅵ) and ascorbic acid based on the inner filter effect[J]. ACS Applied Materials & Interfaces, 2013, 5(24): 13242-13247.

[23]W. Lu, X. Qin, S. Liu, et al. Economical, green synthesis of fluorescent carbon nanoparticles and their use as probes for sensitive and selective detection of mercury(Ⅱ) ions[J]. Analytical Chemistry, 2012, 84(12): 5351-5357.

[24]W. Wei, C. Xu, J. Ren, et al. Sensing metal ions with ion selectivity of a crown ether and fluorescence resonance energy transfer between carbon dots and graphene[J]. Chemical Communications, 2012, 48(9): 1284-1286.

[25]A. Zhu, C. Ding, Y. Tian. A two-photon ratiometric fluorescence probe for Cupric Ions in Live Cells and Tissues[J]. Scientific Reports, 2013, 3: 2933.

[26]H. X. Zhao, L. Q. Liu, Z. D. Liu, et al. Highly selective detection of phosphate in very complicated matrixes with an off-on fluorescent probe of europium-adjusted carbon dots[J]. Chemical Communications, 2011, 47(9): 2604-2606.

[27]X. Huang, F. Zhang, L. Zhu, et al. Effect of injection routes on the biodistribution, clearance, and tumor uptake of carbon dots[J]. ACS Nano, 2013, 7(7): 5684-5693.

[28]Y. Sun, W. Cao, S. Li, et al. Ultrabright and multicolorful fluorescence of amphiphilic polyethyleneimine polymer dots for efficiently combined imaging and therapy[J]. Scientific Reports, 2013, 3: 3036.

[29]S. Qu, X. Wang, Q. Lu, et al. A biocompatible fluorescent ink based on water-soluble luminescent carbon nanodots[J]. Angewandte Chemie, 2012, 124(49): 12381-12384.

[30]L. A. Ponomarenko, F. Schedin, M. I. Katsnelson, et al. Chaotic dirac billiard in graphene quantum dots[J]. Science, 2008, 320(5874): 356-358.

[31]D. Pan, J. Zhang, Z. Li, et al. Hydrothermal route for cutting graphene sheets into blue-luminescent graphene quantum dots[J]. Advanced Materials,

2010, 22(6): 734 - 738.

[32]Y. Dong, H. Pang, H. B. Yang, et al. Carbon-based dots co-doped with nitrogen and sulfur for high quantum yield and excitation-independent emission [J]. Angewandte Chemie International Edition, 2013, 52 (30): 7800 - 7804.

[33]H. Ding, J. S. Wei, H. M. Xiong. Nitrogen and sulfur co-doped carbon dots with strong blue luminescence[J]. Nanoscale, 2014, 6(22): 13817 - 13823.

[34]S. Zhu, J. Zhang, L. Wang, et al. A general route to make non-conjugated linear polymers luminescent[J]. Chemical Communications, 2012, 48(88): 10889 - 10891.

[35]T. Lai, E. Zheng, L. Chen, et al. Hybrid carbon source for producing nitrogen-doped polymer nanodots: one-pot hydrothermal synthesis, fluorescence enhancement and highly selective detection of Fe(Ⅲ)[J]. Nanoscale, 2013, 5(17): 8015 - 8021.

[36]J. Shen, Y. Zhu, C. Chen, et al. Facile preparation and upconversion luminescence of graphene quantum dots[J]. Chemical Communications, 2011, 47(9): 2580 - 2582.

[37]S. Zhu, J. Zhang, C. Qiao, et al. Strongly green-photoluminescent graphene quantum dots for bioimaging applications [J]. Chemical Communications, 2011, 47(24): 6858 - 6860.

[38]J. Peng, W. Gao, B. K. Gupta, et al. Graphene quantum dots derived from Carbon Fibers[J]. Nano Letters, 2012, 12(2): 844 - 849.

[39]Y. Dong, C. Chen, X. Zheng, et al. One-step and high yield simultaneous preparation of single-and multi-layer graphene quantum dots from CX - 72 carbon black[J]. Journal of Materials Chemistry, 2012, 22(18): 8764 - 8766.

[40]L. Lin, S. Zhang. Creating high yield water soluble luminescent graphene quantum dots via exfoliating and disintegrating carbon nanotubes and graphite flakes[J]. Chemical Communications, 2012, 48(82): 10177 - 10179.

[41]X. Zhou, Y. Zhang, C. Wang, et al. Photo-fenton reaction of graphene oxide: a new strategy to prepare graphene quantum dots for DNA cleavage[J].

ACS Nano, 2012, 6(8): 6592 – 6599.

[42] R. Liu, D. Wu, S. Liu, et al. An aqueous route to multicolor photoluminescent carbon dots using silica spheres as carriers[J]. Angewandte Chemie International Edition, 2009, 48(25): 4598 – 4601.

[43] F. Wang, Z. Xie, H. Zhang, et al. Highly luminescent organosilane-functionalized carbon dots[J]. Advanced Functional Materials, 2011, 21(6): 1027 – 1031.

[44] Z. C. Yang, M. Wang, A. M. Yong, et al. Intrinsically fluorescent carbon dots with tunable emission derived from hydrothermal treatment of glucose in the presence of monopotassium phosphate[J]. Chemical Communications, 2011, 47(42): 11615 – 11617.

[45] Y. Song, W. Shi, W. Chen, et al. Fluorescent carbon nanodots conjugated with folic acid for distinguishing folate-receptor-positive cancer cells from normal cells[J]. Journal of Materials Chemistry, 2012, 22(25): 12568 – 12573.

[46] X. Zhai, P. Zhang, C. Liu, et al. Highly luminescent carbon nanodots by microwave-assisted pyrolysis[J]. Chemical Communications, 2012, 48(64): 7955 – 7957.

[47] S. Sahu, B. Behera, T. K. Maiti, et al. Simple one-step synthesis of highly luminescent carbon dots from orange juice: application as excellent bio-imaging agents[J]. Chemical Communications, 2012, 48(70): 8835 – 8837.

[48] S. Zhu, Q. Meng, L. Wang, et al. Highly photoluminescent carbon dots for multicolor patterning, sensors, and bioimaging[J]. Angewandte Chemie International Edition in English, 2013, 52(14): 3953 – 3957.

[49] L. Pan, S. Sun, L. Zhang, et al. Near-infrared emissive carbon dots for two-photon fluorescence bioimaging[J]. Nanoscale, 2016, 8(39): 17350 – 17356.

[50] H. Tetsuka, R. Asahi, A. Nagoya, et al. Optically tunable amino-functionalized graphene quantum dots[J]. Advanced Materials, 2012, 24(39): 5333 – 5338.

[51]S. Hu, A. Trinchi, P. Atkin, et al. Tunable photoluminescence across the entire visible spectrum from carbon dots excited by white light[J]. Angewandte Chemie International Edition, 2015, 54(10): 2970 - 2974.

[52]Y. Chen, M. Zheng, Y. Xiao, et al. A Self-quenching-resistant carbon-dot powder with tunable solid-state fluorescence and construction of dual-fluorescence morphologies for white light-emission[J]. Advanced Materials, 2016, 28(2): 312 - 318.

[53]A. B. Bourlinos, A. Stassinopoulos, D. Anglos, et al. Photoluminescent carbogenic dots[J]. Chemistry of Materials, 2008, 20(14): 4539 - 4541.

[54]Z. Wang, C. Xu, Y. Lu, et al. Visualization of adsorption: luminescent mesoporous silica-carbon dots composite for rapid and selective removal of U(Ⅵ) and in situ monitoring the adsorption behavior[J]. ACS Applied Materials & Interfaces, 2017, 9(8): 7392 - 7398.

[55]J. Tan, R. Zou, J. Zhang, et al. Large-scale synthesis of N - doped carbon quantum dots and their phosphorescence properties in a polyurethane matrix [J]. Nanoscale, 2016, 8(8): 4742 - 4747.

[56]X. Dong, L. Wei, Y. Su, et al. Efficient long lifetime room temperature phosphorescence of carbon dots in a potash alum matrix[J]. Journal of Materials Chemistry C, 2015, 3(12): 2798 - 2801.

[57]Q. Li, M. Zhou, Q. Yang, et al. Efficient room-temperature phosphorescence from nitrogen-doped carbon dots in domposite matrices[J]. Chemistry of Materials, 2016, 28(22): 8221 - 8227.

[58]K. Jiang, Y. H. Wang, C. Z. Cai, et al. Activating room temperature long afterglow of carbon dots via covalent fixation[J]. Chemistry of Materials, 2017, 29(11): 4866 - 4873.

[59]Q. Li, M. Zhou, M. Yang, et al. Induction of long-lived room temperature phosphorescence of carbon dots by water in hydrogen-bonded matrices[J]. Nature communications, 2018, 9(1): 734.

[60]Y. Xiu, Q. Gao, G. D. Li, et al. Preparation and tunable photoluminescence of carbogenic nanoparticles confined in a microporous magnesium-aluminophos-

phate[J]. Inorganic Chemistry, 2010, 49(13): 5859 –5867.

[61]Y. Dong, J. Cai, Q. Fang, et al. Dual-emission of lanthanide metal-organic frameworks encapsulating carbon-based dots for ratiometric detection of water in organic solvents[J]. Analytical Chemistry, 2016, 88(3): 1748 –1752.

[62]Y. Wang, B. Wang, H. Shi, et al. Carbon nanodots in ZIF –8: synthesis, tunable luminescence and temperature sensing[J]. Inorganic Chemistry Frontiers, 2018, 5(11): 2739 –2745.

[63]K. Jiang, S. Sun, L. Zhang, et al. Red, green, and blue luminescence by carbon dots: full-color emission tuning and multicolor cellular imaging[J]. Angewandte Chemie International Edition in English, 2015, 54 (18): 5360 –5363.

[64]L. Xiao, H. Sun. Novel properties and applications of carbon nanodots[J]. Nanoscale Horizons, 2018, 3(6): 565 –597.

[65]C. W. Lai, Y. H. Hsiao, Y. K. Peng, et al. Facile synthesis of highly emissive carbon dots from pyrolysis of glycerol; gram scale production of carbon dots/$m\text{SiO}_2$ for cell imaging and drug release[J]. Journal of Materials Chemistry, 2012, 22(29): 14403 – 14409.

[66]C. Yao, Y. Xu, Z. Xia. A carbon dot-encapsulated UiO – type metal organic framework as a multifunctional fluorescent sensor for temperature, metal ion and pH detection[J]. Journal of Materials Chemistry C, 2018, 6(16): 4396 –4399.

[67]K. Jiang, L. Zhang, J. Lu, et al. Triple-mode emission of carbon dots: applications for advanced anti-counterfeiting[J]. Angewandte Chemie International Edition in English, 2016, 55(25): 7231 –7235.

[68]Z. Tian, D. Li, E. V. Ushakova, et al. Multilevel data encryption using thermal-treatment controlled room temperature phosphorescence of carbon dot/polyvinylalcohol composites[J]. Advanced Science, 2018, 0(0): 1800795.

[69]S. Inagaki, S. Guan, T. Ohsuna, et al. An ordered mesoporous organosilica hybrid material with a crystal-like wall structure[J]. Nature, 2002, 416 (6878): 304 –307.

[70]Y. Wan, H. Yang, D. Zhao. "Host-guest" chemistry in the synthesis of ordered nonsiliceous mesoporous materials[J]. Accounts of Chemical Research, 2006, 39(7): 423-432.

[71]N. D. Petkovich, A. Stein. Controlling macro-and mesostructures with hierarchical porosity through combined hard and soft templating[J]. Chemical Society Reviews, 2013,42(9):3721-39.

[72]J. Aguilera-Sigalat, D. Bradshaw. Synthesis and applications of metal-organic framework-quantum dot (QD@MOF) composites[J]. Coordination Chemistry Reviews, 2016, 307: 267-291.

[73]M. Guan, W. Wang, E. J. Henderson, et al. Assembling photoluminescent silicon nanocrystals into periodic mesoporous organosilica[J]. Journal of the American Chemical Society, 2012, 134(20): 8439-8446.

[74]B. Kong, J. Tang, Y. Zhang, et al. Incorporation of well-dispersed sub-5-nm graphitic pencil nanodots into ordered mesoporous frameworks[J]. Nature Chemistry, 2016, 8(2): 171-178.

[75]L. He, T. Wang, J. An, et al. Carbon nanodots@zeolitic imidazolate framework-8 nanoparticles for simultaneous pH-responsive drug delivery and fluorescence imaging[J]. Crystengcomm, 2014, 16(16): 3259-3263.

[76]L. Xu, G. Fang, J. Liu, et al. One-pot synthesis of nanoscale carbon dots-embedded metal-organic frameworks at room temperature for enhanced chemical sensing[J]. Journal of Materials Chemistry A, 2016, 4(41): 15880-15887.

[77]G. Li, N. Lv, J. Zhang, et al. MnO_2 in situ formed into the pores of C-dots/ZIF-8 hybrid nanocomposites as an effective quencher for fluorescence sensing ascorbic acid[J]. RSC Advances, 2017, 7(27): 16423-16427.

[78]Y. Ma, G. Xu, F. Wei, et al. A dual-emissive fluorescent sensor fabricated by encapsulating quantum dots and carbon dots into metal-organic frameworks for the ratiometric detection of Cu^{2+} in tap water[J]. Journal of Materials Chemistry C, 2017, 5(33): 8566-8571.

[79]J. S. Li, Y. J. Tang, S. L. Li, et al. Carbon nanodots functional MOFs composites by a stepwise synthetic approach: enhanced H_2 storage and fluores-

cent sensing[J]. Crystengcomm, 2015, 17(5): 1080 - 1085.

[80]Z. G. Gu, D. J. Li, C. Zheng, et al. MOF - templated synthesis of ultrasmall photoluminescent carbon-nanodot arrays for optical applications[J]. Angewandte Chemie International Edition, 2017, 56(24): 6853 - 6858.

[81]Y. Wang, Y. Li, Y. Yan, et al. Luminescent carbon dots in a new magnesium aluminophosphate zeolite[J]. Chemical Communications, 2013, 49(79): 9006 - 9008.

[82]H. G. Baldovi, S. Valencia, M. Alvaro, et al. Highly fluorescent C - dots obtained by pyrolysis of quaternary ammonium ions trapped in all-silica ITQ - 29 zeolite[J]. Nanoscale, 2015, 7(5): 1744 - 1752.

[83]S. Jin, H. J. Son, O. K. Farha, et al. energy transfer from quantum dots to metal-organic frameworks for enhanced light harvesting[J]. Journal of the American Chemical Society, 2013, 135(3): 955 - 958.

[84]Y. Gao, Q. Dong, S. Lan, et al. Decorating CdTe QD - embedded mesoporous silica nanospheres with Ag NPs to prevent bacteria invasion for enhanced anticounterfeit applications[J]. ACS Applied Materials & Interfaces, 2015, 7(18): 10022 - 10033.

[85]Z. K. Tan, R. S. Moghaddam, M. L. Lai, et al. Bright light-emitting diodes based on organometal halide perovskite[J]. Nature Nanotechnology, 2014, 9(9): 687 - 692.

[86]H. Cho, S. H. Jeong, M. H. Park, et al. Overcoming the electroluminescence efficiency limitations of perovskite light-emitting diodes[J]. Science, 2015, 350(6265): 1222 - 1225.

[87]M. Yuan, L. N. Quan, R. Comin, et al. Perovskite energy funnels for efficient light-emitting diodes[J]. Nature Nanotechnology, 2016, 11(10): 872 - 877.

[88]J. Xing, F. Yan, Y. Zhao, et al. High-efficiency light-emitting diodes of organometal halide perovskite amorphous nanoparticles[J]. ACS Nano, 2016, 10(7): 6623 - 6630.

[89]X. Zhang, H. Liu, W. Wang, et al. Hybrid perovskite light-emitting diodes

based on perovskite nanocrystals with organic-inorganic mixed cations[J]. Advanced Materials, 2017, 29(18): 1606405(1) - 1606405(7).

[90] F. Zhang, H. Zhong, C. Chen, et al. Brightly luminescent and color-tunable colloidal $CH_3NH_3PbX_3$(X = Br, I, Cl) quantum dots: potential alternatives for display technology[J]. ACS Nano, 2015, 9(4): 4533 - 4542.

[91] D. N. Dirin, L. Protesescu, D. Trummer, et al. Harnessing defect-tolerance at the nanoscale: highly luminescent lead halide perovskite nanocrystals in mesoporous silica matrixes[J]. Nano Letters, 2016, 16(9): 5866 - 5874.

[92] H. C. Wang, S. Y. Lin, A. C. Tang, et al. Mesoporous silica particles integrated with all-inorganic $CsPbBr_3$ perovskite quantum-dot nanocomposites (MP - PQDs) with high stability and wide color gamut used for backlight display [J]. Angewandte Chemie International Edition, 2016, 55 (28): 7924 - 7929.

[93] C. Sun, Y. Zhang, C. Ruan, et al. Efficient and stable white LEDs with silica-coated inorganic perovskite quantum dots[J]. Advanced Materials, 2016, 28(45): 10088 - 10094.

[94] Z. Li, L. Kong, S. Huang, et al. Highly luminescent and ultrastable $CsPbBr_3$ perovskite quantum dots incorporated into a silica/alumina monolith[J]. Angewandte Chemie, 2017, 129(28): 8246 - 8250.

[95] G. De Cremer, E. Coutiño-Gonzalez, M. B. J. Roeffaers, et al. Characterization of fluorescence in heat-treated silver-exchanged zeolites[J]. Journal of the American Chemical Society, 2009, 131(8): 3049 - 3056.

[96] G. De Cremer, B. F. Sels, J. I. Hotta, et al. Optical encoding of silver zeolite microcarriers[J]. Advanced Materials, 2010, 22(9): 957 - 960.

[97] O. Fenwick, E. Coutino-Gonzalez, D. Grandjean, et al. Tuning the energetics and tailoring the optical properties of silver clusters confined in zeolites[J]. Nature Materials, 2016, 15(9): 1017 - 1022.

[98] T. Altantzis, E. Coutino-Gonzalez, W. Baekelant, et al. Direct Observation of Luminescent Silver Clusters Confined in Faujasite Zeolites[J]. ACS Nano, 2016, 10(8): 7604 - 7611.

[99]G. Lu, S. Li, Z. Guo, et al. Imparting functionality to a metal-organic framework material by controlled nanoparticle encapsulation[J]. Nature Chemistry, 2012, 4(4): 310 - 316.

[100]S. Xu, R. Chen, C. Zheng, et al. Excited state modulation for organic afterglow: materials and applications[J]. Advanced Materials, 2016, 28(45): 9920 - 9940.

[101]K. Van Den Eeckhout, P. F. Smet, D. Poelman. Persistent luminescence in Eu^{2+} - doped compounds: A Review[J]. Materials, 2010, 3(4): 2536.

[102]S. S. W. M. Yen, H. Yamamoto. Phosphor handbook[M]. Bocan Raton: CRC press, 2007.

[103]T. Matsuzawa, Y. Aoki, N. Takeuchi, et al. A new long phosphorescent phosphor with high brightness, $SrAl_2O_4:Eu^{2+},Dy^{3+}$[J]. Journal of the Electrochemical Society, 1996, 143(8): 2670 - 2673.

[104]J. Yuan, Y. Tang, S. Xu, et al. Purely organic optoelectronic materials with ultralong-lived excited states under ambient conditions[J]. Science Bulletin, 2015, 60(19): 1631 - 1637.

[105]Z. An, C. Zheng, Y. Tao, et al. Stabilizing triplet excited states for ultralong organic phosphorescence[J]. Nature Materials, 2015, 14(7): 685 - 690.

[106]M. A. Baldo, D. F. O'brien, M. E. Thompson, et al. Excitonic singlet-triplet ratio in a semiconducting organic thin film[J]. Physical Review B, 1999, 60(20): 14422 - 14428.

[107]M. Kasha. Phosphorescence and the role of the triplet state in the electronic excitation of complex molecules[J]. Chemical Reviews, 1947, 41(2): 401 - 419.

[108]A. Endo, M. Ogasawara, A. Takahashi, et al. Thermally activated delayed fluorescence from Sn^{4+} - porphyrin complexes and their application to organic light emitting diodes—a novel mechanism for electroluminescence[J]. Advanced Materials, 2009, 21(47): 4802 - 4806.

[109]W. Li, Y. Pan, R. Xiao, et al. Employing ~100% excitons in OLEDs by

utilizing a fluorescent molecule with hybridized local and charge-transfer excited state[J]. Advanced Functional Materials, 2014, 24(11): 1609 - 1614.

[110] S. K. Lower, M. A. El-Sayed. The triplet state and molecular electronic processes in organic molecules[J]. Chemical Reviews, 1966, 66(2): 199 - 241.

[111] M. B. Smith, J. Michl. Singlet Fission[J]. Chemical Reviews, 2010, 110(11): 6891 - 6936.

[112] H. Uoyama, K. Goushi, K. Shizu, et al. Highly efficient organic light-emitting diodes from delayed fluorescence[J]. Nature, 2012, 492(7428): 234 - 238.

[113] V. Augusto, C. Baleizao, M. N. Berberan-Santos, et al. Oxygen-proof fluorescence temperature sensing with pristine C_{70} encapsulated in polymer nanoparticles[J]. Journal of Materials Chemistry, 2010, 20(6): 1192 - 1197.

[114] Q. Zhang, B. Li, S. Huang, et al. Efficient blue organic light-emitting diodes employing thermally activated delayed fluorescence[J]. Nature Photonics, 2014, 8(4): 326 - 332.

[115] T. Li, D. Yang, L. Zhai, et al. Thermally activated delayed fluorescence organic dots (TADF odots) for time-resolved and confocal fluorescence imaging in living cells and in vivo [J]. Advanced Science, 2017, 4(4): 1600166.

[116] D. G. Cuttell, S. M. Kuang, P. E. Fanwick, et al. Simple Cu(Ⅰ) complexes with unprecedented excited-state lifetimes[J]. Journal of the American Chemical Society, 2002, 124(1): 6 - 7.

[117] S. Y. Lee, T. Yasuda, Y. S. Yang, et al. Luminous butterflies: efficient exciton harvesting by benzophenone derivatives for full-color delayed fluorescence OLEDs [J]. Angewandte Chemie International Edition, 2014, 53(25): 6402 - 6406.

[118] Q. Zhang, J. Li, K. Shizu, et al. Design of efficient thermally activated delayed fluorescence materials for pure blue organic light emitting diodes[J]. Journal of the American Chemical Society, 2012, 134(36): 14706 - 14709.

[119]M. N. Berberan-Santos, J. M. M. Garcia. Unusually strong delayed fluorescence of C_{70} [J]. Journal of the American Chemical Society, 1996, 118(39): 9391 - 9394.

[120]D. B. Clapp. The phosphorescence of tetraphenylmethane and certain related substances[J]. Journal of the American Chemical Society, 1939, 61(2): 523 - 524.

[121]J. L. Kropp, W. R. Dawson. Radiationless deactivation of triplet coronene in plastics [J]. The Journal of Physical Chemistry, 1967, 71(13): 4499 - 4506.

[122]E. M. Schulman, C. Walling. Triplet-state phosphorescence of adsorbed ionic organic molecules at room temperature[J]. The Journal of Physical Chemistry, 1973, 77(7): 902 - 905.

[123]E. M. Schulman, R. T. Parker. Room temperature phosphorescence of organic compounds. The effects of moisture, oxygen, and the nature of the support-phosphor interaction[J]. The Journal of Physical Chemistry, 1977, 81(20): 1932 - 1939.

[124]G. Zhang, J. Chen, S. J. Payne, et al. Multi-emissive difluoroboron dibenzoylmethane polylactide exhibiting intense fluorescence and oxygen-sensitive room-temperature phosphorescence[J]. Journal of the American Chemical Society, 2007, 129(29): 8942 - 8943.

[125]S. Hirata, K. Totani, J. Zhang, et al. Efficient persistent room temperature phosphorescence in organic amorphous materials under ambient conditions [J]. Advanced Functional Materials, 2013, 23(27): 3386 - 3397.

[126]Y. Deng, D. Zhao, X. Chen, et al. Long lifetime pure organic phosphorescence based on water soluble carbon dots[J]. Chemical Communications, 2013, 49(51): 5751 - 5753.

[127]X. Yang, D. Yan. Strongly enhanced long-lived persistent room temperature phosphorescence based on the formation of metal-organic hybrids[J]. Advanced Optical Materials, 2016, 4(6): 897 - 905.

[128]X. G. Yang, D. P. Yan. Long-afterglow metal-organic frameworks: reversi-

ble guest-induced phosphorescence tunability[J]. Chemical Science, 2016, 7(7): 4519-4526.

[129]H. L. Huang, Y. T. Huang, S. L. Wang. A crystalline mesolamellar gallium phosphate with zwitterionic-type templates exhibiting green afterglow property[J]. Inorganic Chemistry, 2016, 55(14): 6836-6838.

[130]H. Mieno, R. Kabe, N. Notsuka, et al. Long-lived room-temperature phosphorescence of coronene in zeolitic imidazolate framework ZIF-8[J]. Advanced Optical Materials, 2016, 4(7): 1015-1021.

[131]R. Gao, D. Yan. Ordered assembly of hybrid room-temperature phosphorescence thin films showing polarized emission and the sensing of VOCs[J]. Chemical Communications, 2017, 53(39): 5408-5411.

[132]R. Gao, D. Yan, D. G. Evans, et al. Layer-by-layer assembly of long-afterglow self-supporting thin films with dual-stimuli-responsive phosphorescence and antiforgery applications [J]. Nano Research, 2017, 10 (10): 3606-3617.

[133]R. Gao, D. Yan. Layered host-guest long-afterglow ultrathin nanosheets: high-efficiency phosphorescence energy transfer at 2D confined interface[J]. Chemical Science, 2017, 8(1): 590-599.

[134]Y. Yang, K. Z. Wang, D. Yan. Ultralong persistent room temperature phosphorescence of metal coordination polymers exhibiting reversible pH-responsive emission[J]. ACS Applied Materials & Interfaces, 2016, 8(24): 15489-15496.

[135]Y. Yang, K. Z. Wang, D. Yan. Smart luminescent coordination polymers toward multimode logic gates: time-resolved, tribochromic and excitation-dependent fluorescence/phosphorescence emission[J]. ACS Applied Materials & Interfaces, 2017, 9(20): 17399-17407.

第 2 章

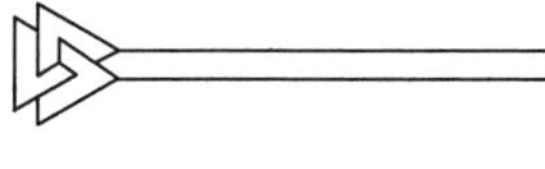

新一类具有超长寿命的热致延迟荧光碳点@分子筛复合材料的合成与性能研究

2.1 引言

磷光及热致延迟荧光材料是一类具有长寿命激发态的有机发光材料,其独特的光物理特性使其在光电器件、光催化反应、分子成像和防伪等领域的应用受到广泛的关注。[1-4]其中,热致延迟荧光材料可以通过 T_1 态到 S_1 态的反系间窜跃过程来有效地利用三重态能量,因此其具有很高的荧光量子效率和独特的光电性质。这类材料已经广泛应用于有机光电器件、传感器等领域中。由于氧是一个很强的三重态淬灭剂,大多数报道的热致延迟荧光材料都需要在无氧的条件下才能展现其性质。开发新型在室温空气条件下具有长寿命发光的热致延迟荧光材料对促进热致延迟荧光材料的多领域应用具有重要意义。由于三重态能量很容易通过分子的振动转动、三重态 - 三重态淬灭、分子间能量传递等方式以非辐射跃迁的形式耗散,因此,有效抑制非辐射跃迁过程,稳定三重态能量是实现热致延迟荧光材料长寿命的关键。[5-20]

近年来,碳点作为一类新型的荧光纳米材料受到广泛关注,其低毒性、良好的生物相容性、光稳定性、光电转化和光催化性能等诸多优点使其在生物成像、药物运载、太阳能电池、发光二极管、化学传感等领域的研究如火如荼。[21-23]近几年来,一类基于碳点的长寿命室温磷光材料被报道出来,他们将碳点装载到聚乙烯醇[24-25]、明矾[26]和聚氨酯[27]基底中,复合材料展现出肉眼可见的室温磷光现象。究其原因,这些基质材料可以有效地限制碳点表面官能团的振动转动,因此稳定了三重激发态。此外,Hou 等人[28]发现水溶碳点在 100 K 到 250 K 时可以显示出从 676 ns 到 810 ns 的热致延迟荧光寿命。其中,低温环境下被冷冻的溶剂扮演了一个固体基质的角色,从而抑制了碳点的非辐射跃迁过程,呈现了热致延迟荧光行为。因此,寻找更为有效的、能够稳定三重激发态的主体材料,用来封装碳点,将会对合成室温条件下具有独特热致延迟荧光性能的材料有重大意义。分子筛材料具有规则的纳米孔道结构、良好的热稳定性、优异的化学稳定性,是一类理想的主体骨架材料。[29-33]其规则的孔道结构使其可以有效地对客体材料进行限域,这有利于对负载的荧光客体材料的发光行为进行调控。[34]但一般情况下,将客体荧光材料原位引入到主体无机多孔材料中并不容易,这需要主客体材料间具有很强的结合力来促使主体无机骨架和客体材料的复合。[35-37]幸运的是,分子筛的水热、溶剂热合成方法很适合碳点的原位引入:分子筛合成所需的有机胺和溶剂同时可以作为碳点合成的原材料;碳点和分子筛材料都可在水热或溶剂热条件下合成,相似的合成条件为碳点与分子筛晶体的原位复合提供了可能。[38]

这里,我们在水热/溶剂热的条件下,原位地将碳点引入一系列的分子筛晶体基质材料之中,开发了一种简便、普适的策略来合成具有超长寿命的热致延迟荧光材料。合成的复合材料在室温空气条件下可以呈现长达 350 ms 的热致延迟荧光寿命和高达 52.14% 的荧光量子效率。通过改变分子筛的合成条件(改变有机模板剂和溶剂等),碳点@分子筛复合材料的荧光量子效率和热致延迟荧光寿命可以被调控。我们同时展示了碳点@分子筛复合材料在防伪方面的应用,提出了一种全新的"量子点于分子筛中"的合成策略,用以设计和合成新型的热致延迟荧光材料,研究或将开启热致延迟材料在太阳能电池、高分辨生物成像、传感和防伪领域的新型应用。

2.2 实验部分

2.2.1 实验试剂

所用试剂为市售的分析纯试剂。异丙醇铝[$Al(OPr^i)_3$, ≥98 wt%],磷酸(H_3PO_4, 85 wt%),4,7,10-三氧-1,13-十三烷二胺(TTDDA, 97 wt%),氢氟酸(HF, 40 wt% 水溶液),三乙二醇(TEG),三水合磷酸氢镁($MgHPO_4 \cdot 3H_2O$),三乙胺(TEA, 99 wt%),高纯水为 Milli-Q 净化而得。

2.2.2 合成方法

CDs@AlPO-5 复合材料是以三乙胺为模板剂在溶剂热条件下合成的。典型的合成过程为,先将 0.53 g 研磨后的异丙醇铝分散于 10 mL 三乙二醇和 0.4 g 磷酸混合溶液中,待异丙醇铝完全水解后,将 0.4 mL 三乙胺和 0.08 mL 氢氟酸分别加入反应溶液中,保持搅拌 3 h 使其分散均匀。之后,将反应溶液转移至聚四氟乙烯内衬的反应釜中，放入 180 ℃烘箱使其晶化 3 d。反应所得晶体产物为无色透明棒状晶体，用高纯水反复洗涤，放置于室温过夜干燥。

CDs@ MgAPO – 5 和 CDs@ 2D – AlPO 复合材料是用 4,7,10 – 三氧 – 1,13 – 十三烷二胺作为模板剂合成的。CDs@ MgAPO – 5 复合材料典型的合成过程为：先将 1.33 g 研磨后的异丙醇铝均匀分散在 8 mL 水和 1.5 g 磷酸的混合溶液中，待异丙醇铝完全水解后，将 0.06 g 三水合磷酸氢镁和 1.5 g 的 4,7,10 – 三氧 – 1,13 – 十三烷二胺加入反应溶液中搅拌，使反应物最终均一分散于反应溶液中。将搅拌均匀的反应溶液转移至聚四氟乙烯内衬的反应釜中，放置于 180 ℃烘箱中晶化 3 d，产物为浅黄色棒状晶体，用高纯水多次彻底洗涤，室温过夜干燥以备测试。

CDs@ 2D – AlPO 复合材料的合成过程与上面的方法类似，先将研磨后的 1.4 g 异丙醇铝均匀分散在 8 mL 三乙二醇和 1.5 g 磷酸的混合溶液中，而后在搅拌条件下将 1.5 g 4,7,10 – 三氧 – 1,13 – 十三烷二胺加入反应溶液中使其均匀地分散。将均一的反应溶液转移至聚四氟乙烯内衬的反应釜中，放置于 180 ℃烘箱中晶化 3 d，产物为无色透明片状晶体，用高纯水彻底洗涤，室温过夜干燥以备测试。

2.2.3　结构解析

选取合适大小的 CDs@ 2D – AlPO 单晶（0.23 mm × 0.21 mm × 0.20 mm）来进行 X 射线单晶衍射分析。在（23 ± 2）℃下，在衍射仪上收集衍射数据，使用石墨单色化的 Mo Kα 射线（λ = 0.710 73 Å）。晶胞分析和数据简化用 SAINT 程序完成。结构通过 Shelxtl 晶体学软件解析，并用全矩阵最小二乘法修正。化合物结晶于单斜晶系，$P2_1/c$ 空间群。

2.3 实验结果与讨论

2.3.1 碳点@分子筛复合材料的原位合成策略

2.3.1.1 CDs@ AlPO－5 复合材料的合成与结构表征

CDs@ AlPO－5 复合材料是以三乙胺作为模板剂在溶剂热体系下合成的。扫描电子显微镜照片显示，合成的 CDs@ AlPO－5 晶体呈现六方棒状晶体形貌［如图 2－1(a)所示］，这与传统的 AlPO－5 晶体形貌相似。插入图为 AlPO－5 的晶体结构示意图及所用模板剂三乙胺的分子示意图。X 射线粉末衍射结果显示，实验所得谱图与 AFI 结构模拟 XRD 谱图的衍射峰位一致，这证明其主体材料具有 AFI 拓扑结构［如图 2－1(b)所示］。

(a)

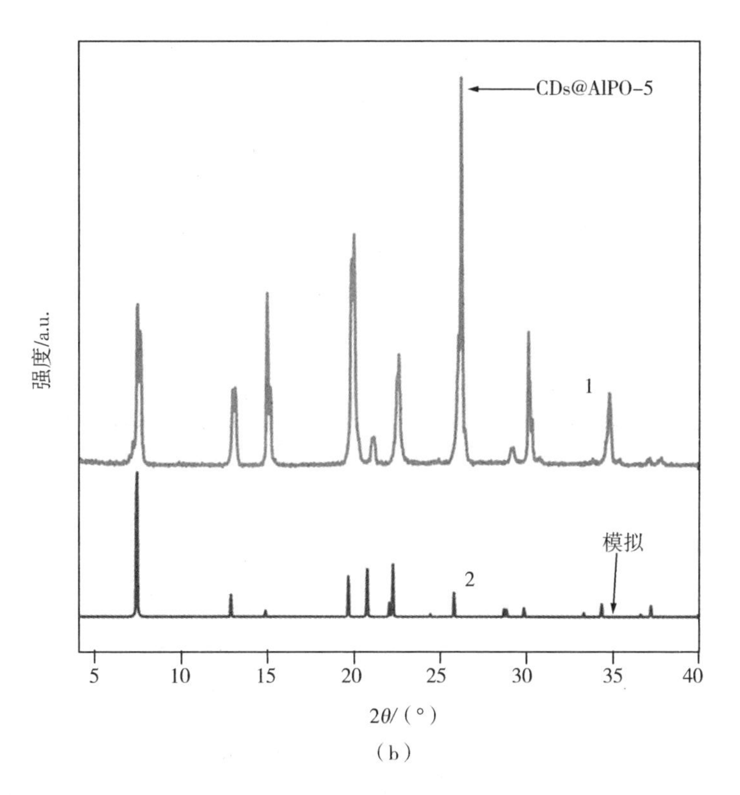

图2-1　(a)CDs@ AlPO-5复合材料的SEM照片；
(b)实验所得XRD谱图(1)与AFI拓扑结构模拟XRD谱图(2)

为证明CDs@ AlPO-5复合材料中模板剂分子的存在,我们用盐酸将无机骨架材料进行刻蚀,将所得的样品进行液相色谱-高分辨质谱测试。测试结果显示,质子化的三乙胺离子(相对分子质量102.1)可以被检测到,这说明了CDs@ AlPO-5复合材料中模板剂三乙胺的存在(如图2-2所示)。

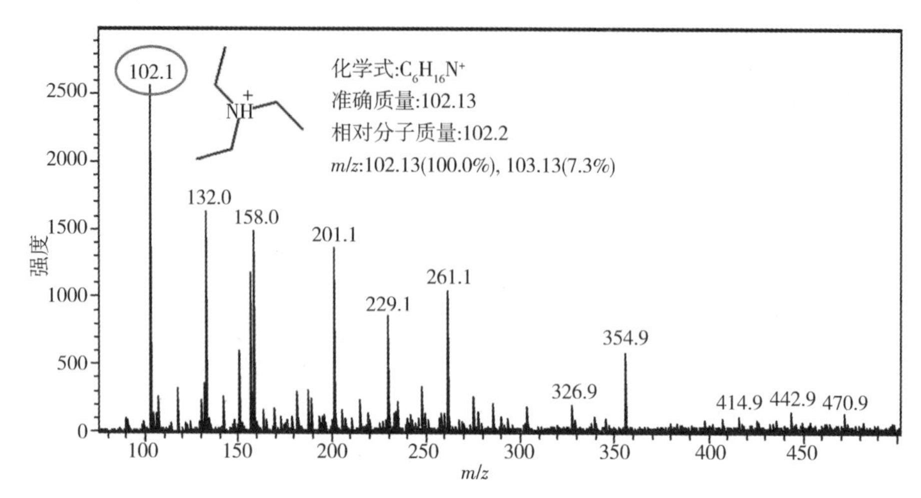

图 2-2 刻蚀 CDs@ AlPO-5 复合材料无机骨架后样品的 LC-HRMS 图谱

为了更直观地了解复合材料的结构,我们对 CDs@ AlPO-5 复合材料进行了透射电子显微镜表征。结果显示,AlPO-5 晶体中镶嵌着均匀分散的碳点[如图 2-3(a)所示],通过统计 100 个碳点的直径,得出其平均直径为 3.7 nm[如图2-3(b)所示]。高分辨透射电子显微镜照片显示,碳点的晶格间距为 0.21 nm[如图 2-3(a)中的插图所示],和石墨烯的(100)晶面相近。[26]

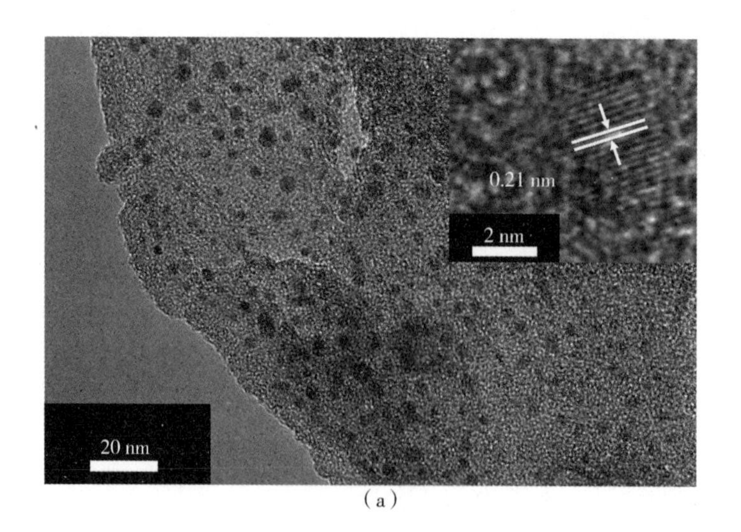

(a)

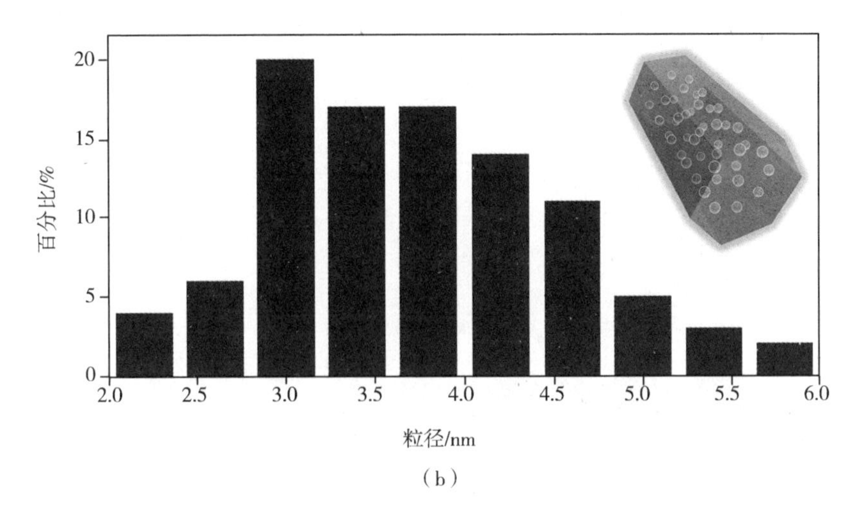

（b）

图 2 -3　（a）CDs@ AlPO -5 复合材料的 TEM 照片（插图为一个代表性的碳点的 HRTEM 照片）；（b）碳点粒径分布图

同时，为了考察碳点的来源，我们对 CDs@ AlPO -5 复合材料的母液进行了 TEM 表征。研究发现，母液中有碳点的存在，通过统计其中 100 个碳点的直径，可得其平均直径为 3.8 nm［如图 2 -4（b）所示］。相似的具有 0.21 nm 晶格间距的碳点也被 HRTEM 照片显示出来［如图 2 -4（a）中插图所示］。从而，我们推断，复合材料中的碳点是合成过程中母液内所形成的碳点原位嵌入的：在水热、溶剂热条件下，母液中的有机模板剂和有机溶剂炭化生成碳点，分子筛晶化过程同时进行，生成的碳点被镶嵌入分子筛晶体材料之中，故形成了碳点@ 分子筛复合材料。

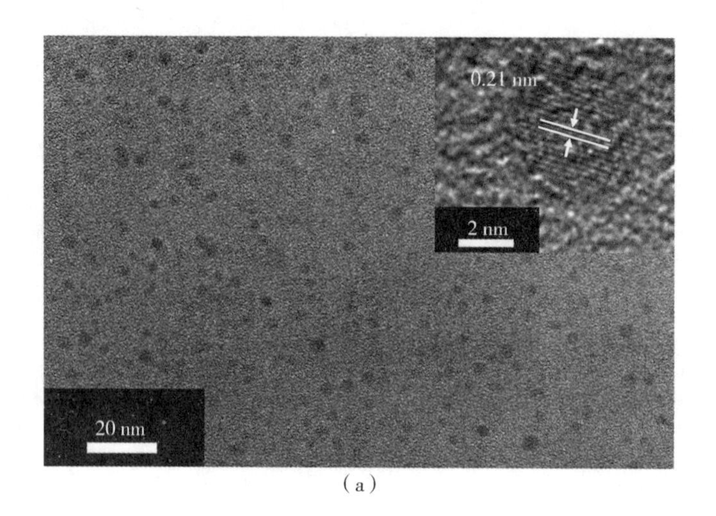

(a)

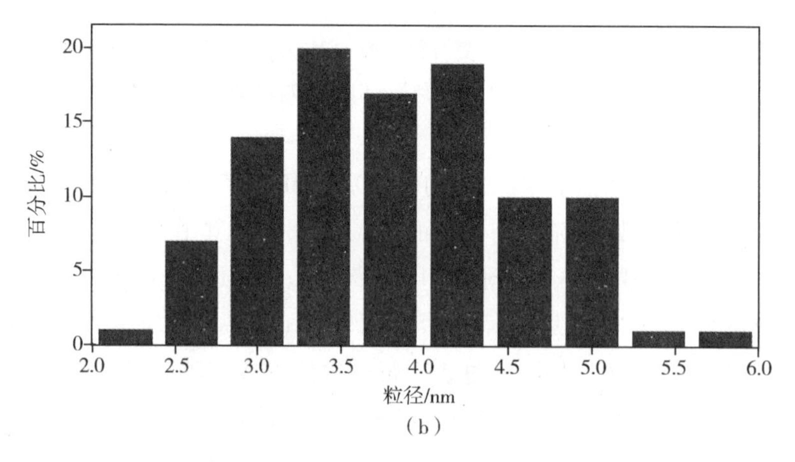

(b)

图 2-4 (a)CDs@ AlPO-5 复合材料母液中碳点的 TEM 照片（插图为一个代表性的碳点的 HRTEM 照片）；(b)碳点粒径分布图

2.3.1.2 CDs@2D-AlPO 复合材料的合成与结构表征

CDs@2D-AlPO 复合材料是由 4,7,10-三氧-1,13 十三烷二胺(TTDDA)为有机模板剂在溶剂热体系下合成的。单晶 X 射线衍射数据分析得出 CDs@2D-AlPO 复合材料的主体骨架材料是一个二维层状磷酸铝[$Al_2P_3O_{12}H$]$^{2-}$化合物，此层状磷酸铝结构与磷酸铝 UT-5(用环己胺作为模板剂合成)同构。质子化的 TTDDA 模板剂分子位于层间(如图 2-5 所示)，原子坐标见附表 1)。

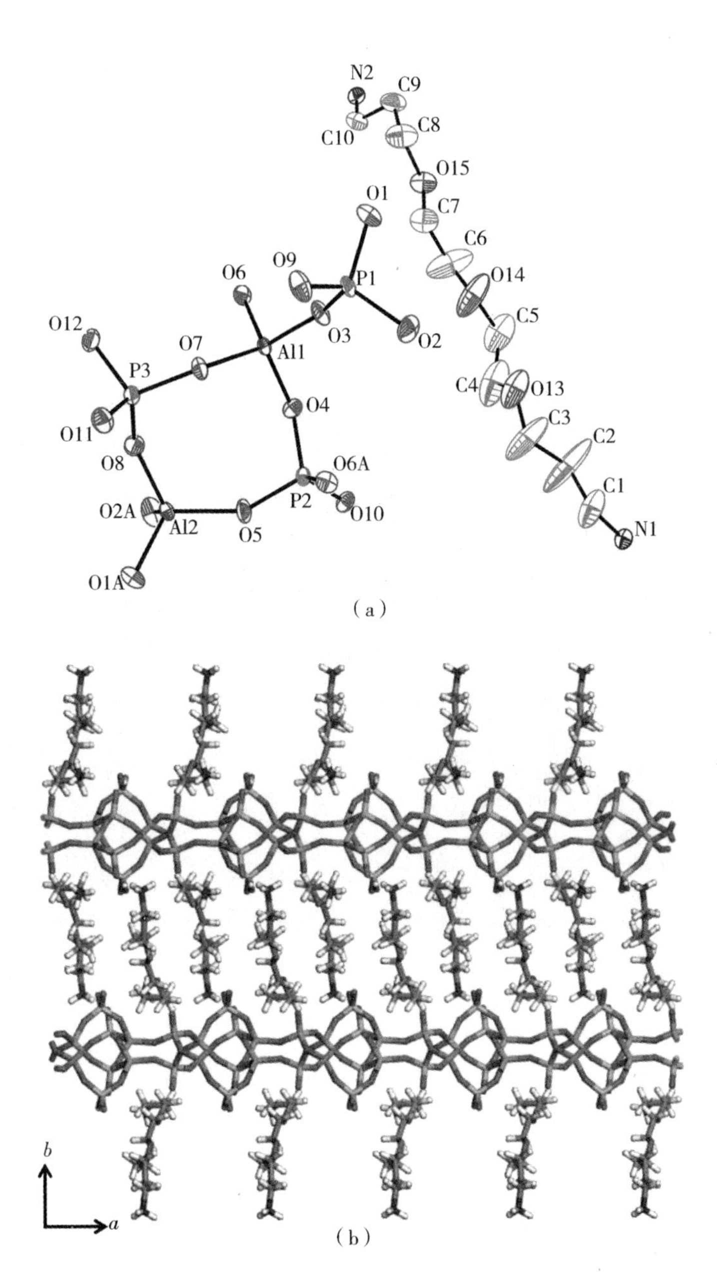

图 2-5　(a)2D-AlPO 的不对称结构单元图；
(b)沿(001)方向的结构示意图

SEM 照片显示,合成的 CDs@2D-AlPO 复合材料为片状晶体[如图 2-6(a)所示]。实验所得 XRD 谱图与单晶结构模拟谱图相符合,这表明其为纯相[如图2-6(b)所示]。图2-7 为 CDs@2D-AlPO 复合材料的 TEM 和 HRTEM 照片。从 TEM 照片中可以看出,碳点分散于2D-AlPO 基质材料中[如图 2-7(a)所示],通过统计其中 100 个碳点得出其平均直径为 3.5 nm[如图 2-7(b)所示]。HRTEM 照片显示碳点具有 0.21 nm 晶格间距[如图 2-7(a)中插图所示]。

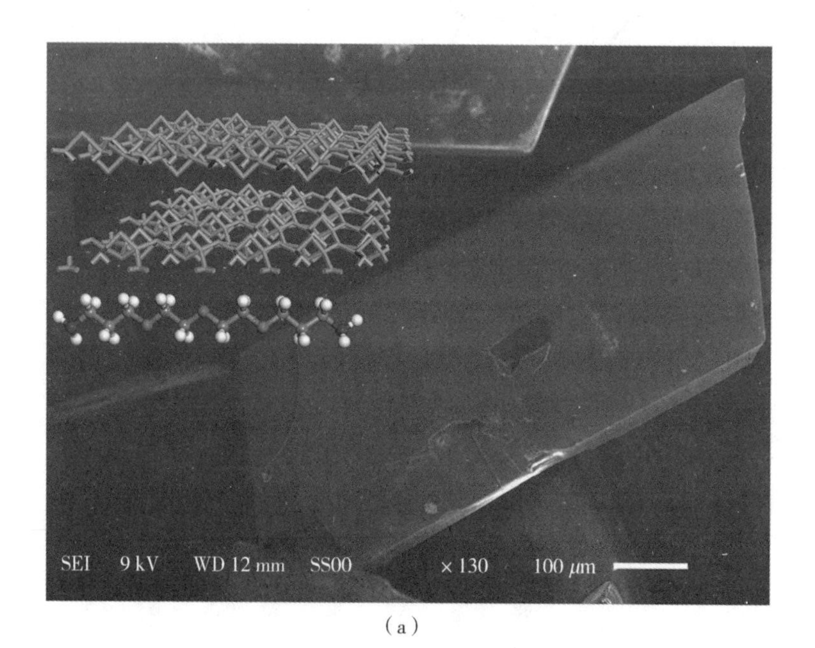

(a)

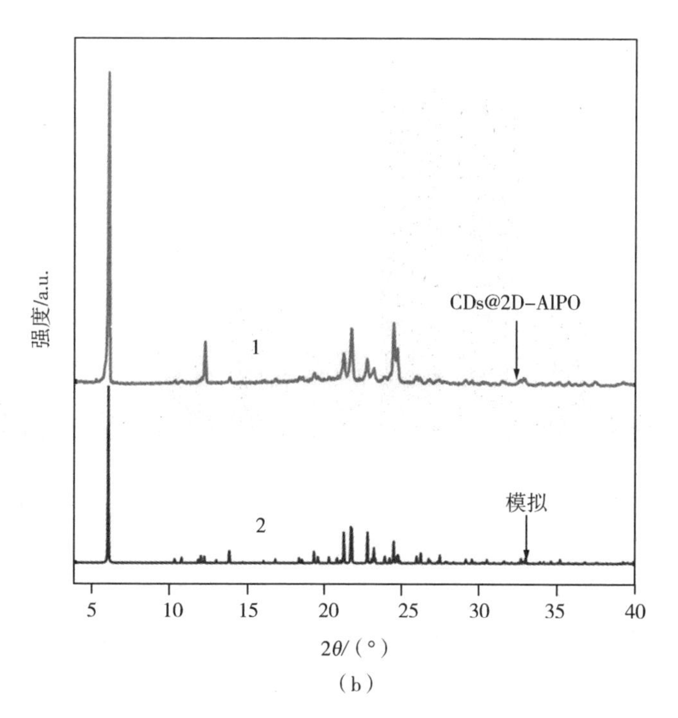

（b）

图 2-6　（a）CDs@2D-AlPO 复合材料的 SEM 照片；
（b）实验所得 XRD 谱图（1）与单晶结构模拟的 XRD 谱图（2）

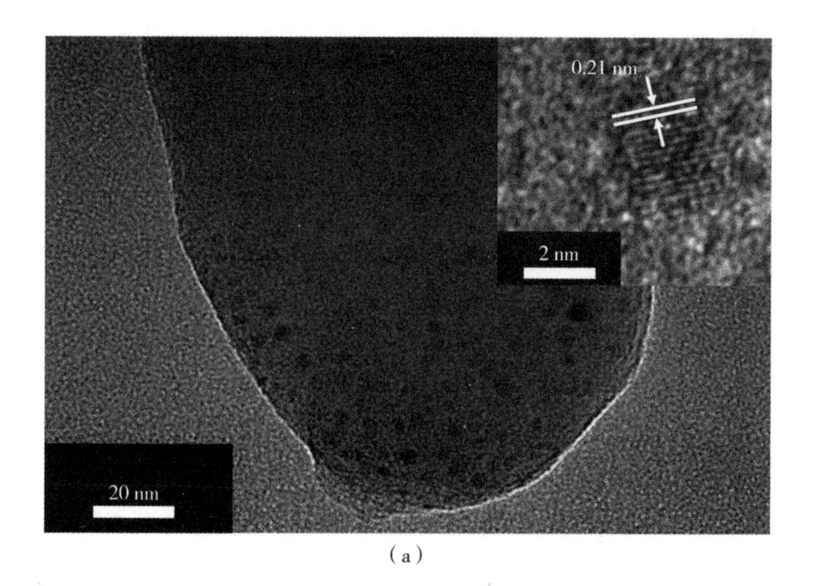

（a）

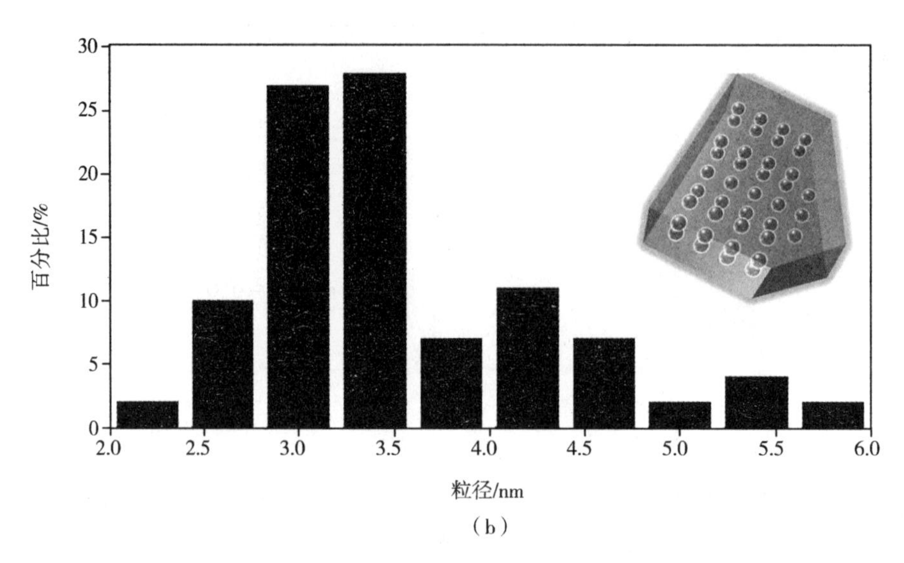

(b)

图2-7 (a)CDs@2D-AlPO复合材料的TEM照片
(插图为一个代表性的碳点的HRTEM照片);(b)碳点粒径分布图

2.3.1.3 CDs@MgAPO-5的合成与结构表征

CDs@MgAPO-5复合材料是以TTDDA作为模板剂在水热条件下合成的。得到的复合晶体材料呈现出多面体形貌[如图2-8(a)所示]。XRD数据显示,其主体材料具有AFI拓扑结构[如图2-8(b)所示]。TEM照片证明均匀分散的碳点镶嵌于分子筛基质材料之中,其平均直径为3.4 nm(统计其中100个碳点)(如图2-9所示)。HRTEM照片显示碳点具有0.21 nm的晶格间距[如图2-9(a)中插图所示]。

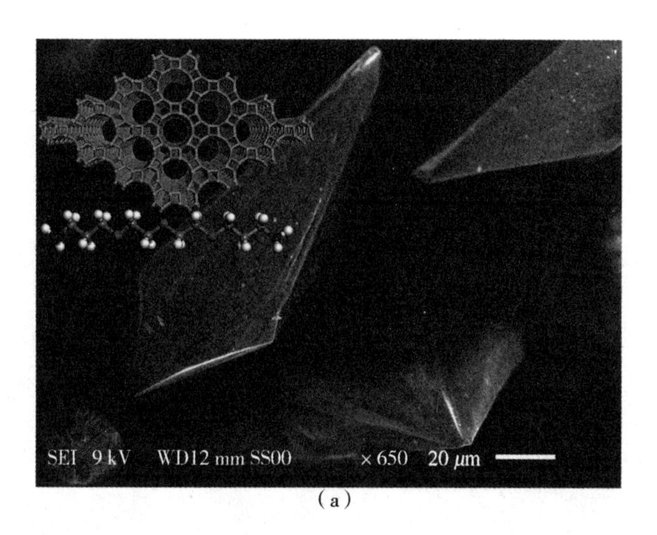

(a)

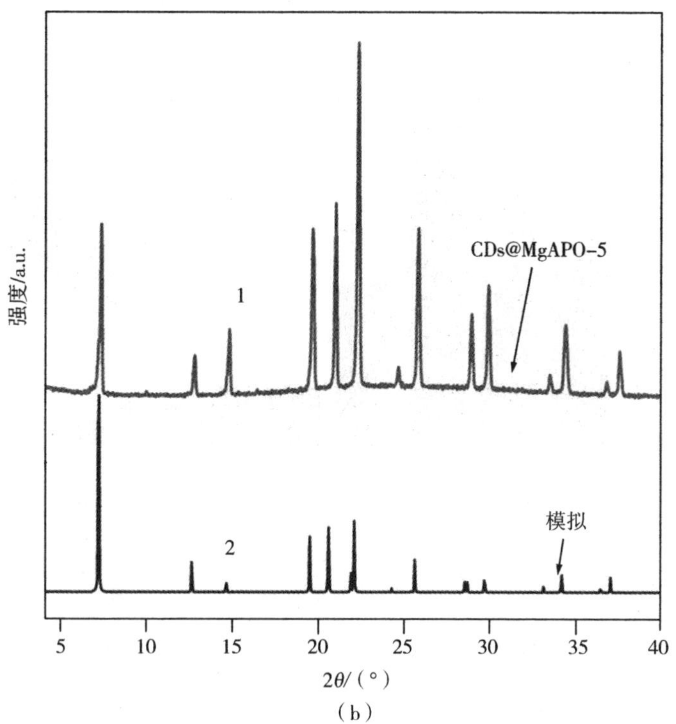

(b)

图2-8　(a)CDs@MgAPO-5复合材料的SEM照片；
(b)实验所得XRD谱图(1)
与AFI拓扑结构模拟XRD谱图(2)

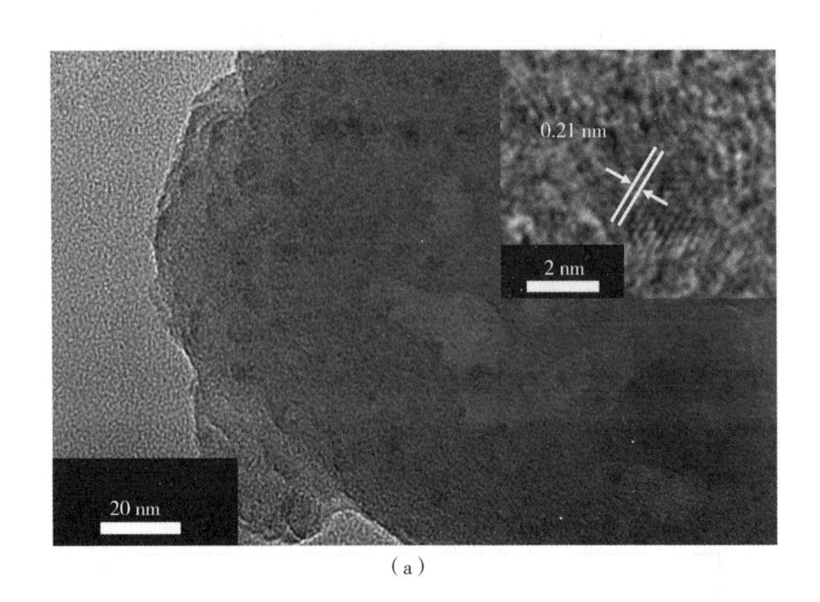

(a)

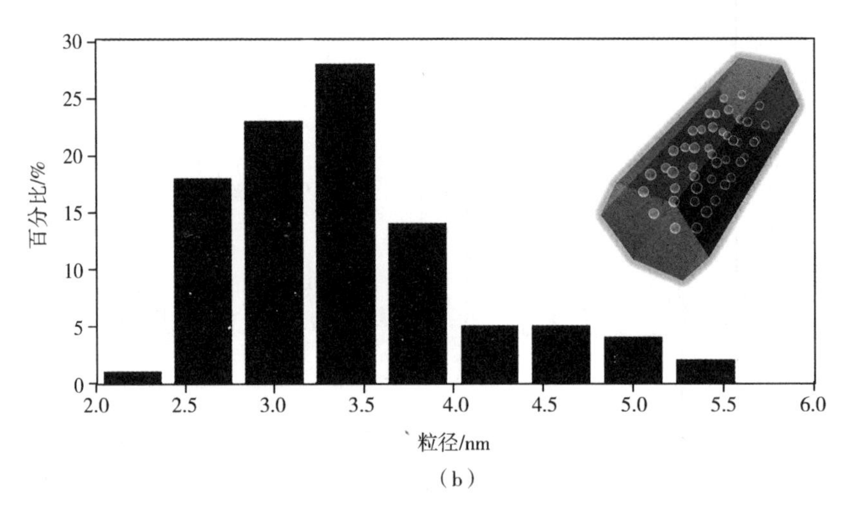

(b)

图 2-9 (a) CDs@ MgAPO-5 复合材料的 TEM 照片
(插图为一个代表性的碳点的 HRTEM 照片);(b)碳点粒径分布图

2.3.1.4 合成讨论

综上,我们利用原位合成的方法,在不同的有机胺模板剂和溶剂的条件下,成功地将碳点引入到了分子筛、类分子筛开放骨架化合物之中,制备了一系列碳点@分子筛复合材料。碳点的生成过程与分子筛的晶化过程的同步进行是合成的关键(如图2－10所示)。作为对照,我们选取了传统水热合成的AlPO－5进行分析。传统水热合成AlPO－5选用相同的三乙胺作为模板剂,体系中仅将三乙二醇溶剂换为水做溶剂,在晶化体系 $Al(OPr^{i})_3 - H_3PO_4$ － TEA － HF － H_2O 中,AlPO－5在180 ℃条件下3 h即可晶化,但AlPO－5晶体并没有荧光发光行为。此外,晶化3 h后的母液也没有检测到碳点的存在。所以,我们推论,在传统水热体系下,有机碳原料较少,碳点的形成过程较困难;同时,分子筛晶化速率很快,导致分子筛晶化完成时碳点还没有形成,所以不能合成具有发光性能的复合材料。此外,对照实验也证明了碳点的引入对复合材料的发光性能起到了至关重要的作用。

通过CHN分析,我们得到了碳点@分子筛复合材料中碳点的含量。对照水热条件下以相同模板剂合成的无发光性能的AlPO－5材料,计算可得,以碳组成为标准,碳点在CDs@AlPO－5中所占比例为0.55 wt%。对于CDs@2D－AlPO复合材料,对照晶体结构中碳物种的理论值,计算可得CDs@2D－AlPO中的碳所占比例为0.64 wt%。

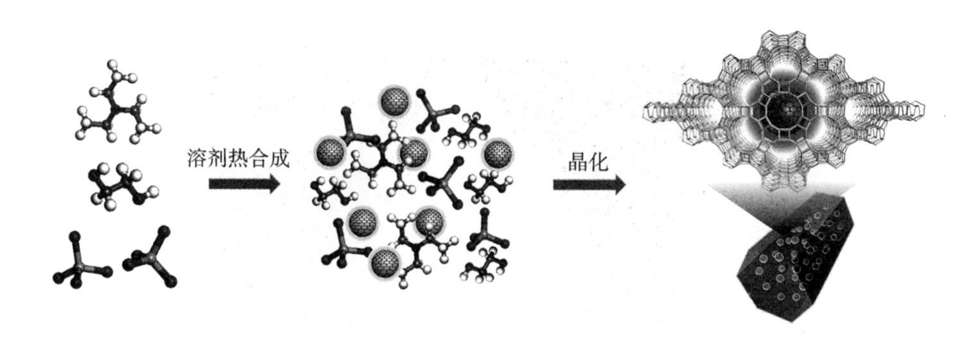

图2－10　碳点@分子筛复合材料的合成过程示意图

2.3.2　碳点@分子筛复合材料的荧光性质

CDs@AlPO－5、CDs@2D－AlPO和CDs@MgAPO－5复合材料可以展现出激发波长依赖的荧光性能,这是碳点典型的发光性能[如图2－11(a)、(b)、(c)所示]。随着激发波长的增加,碳点@分子筛复合材料的发光可以从蓝到绿再到红[如图2－11(d)、(e)、(f)所示]。稀释的碳点@分子筛复合材料的合成母液也展现出相似的激发波长依赖的发光行为(如图2－12所示,以CDs@AlPO－5的母液为例说明)。在370 nm激发下,碳点@分子筛复合材料能观测到蓝色荧光,CDs@AlPO－5、CDs@2D－AlPO、CDs@MgAPO－5复合材料的国际照明委员会(CIE)坐标为(0.17,0.13)、(0.17,0.14)和(0.17,0.13)。这些复合材料的荧光量子效应也可以通过改变主体材料和反应原料进行调控,在370 nm激发下,CDs@AlPO－5复合材料的荧光量子产率为15.53%,CDs@MgAPO－5复合材料的荧光量子产率为22.77%,CDs@2D－AlPO复合材料的荧光量子产率为52.14%。CDs@2D－AlPO和CDs@MgAPO－5复合材料的荧光量子产率高于CDs@AlPO－5的原因可能在于前两者的模板剂是TTDDA,它可以有效钝化碳点表面,从而提高碳点的荧光量子产率[39－42]。另一方面,CDs@2D－AlPO和CDs@MgAPO－5复合材料的荧光量子产率相比于用TTDDA合成的溶液相碳点(12%～13%)要高,这是因为分子筛基底对碳点起到了很好的保护和稳定作用。

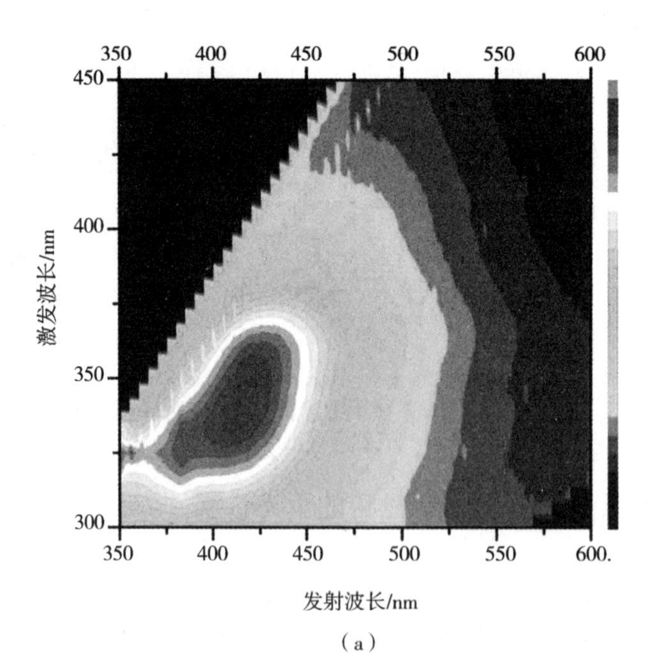

(a)

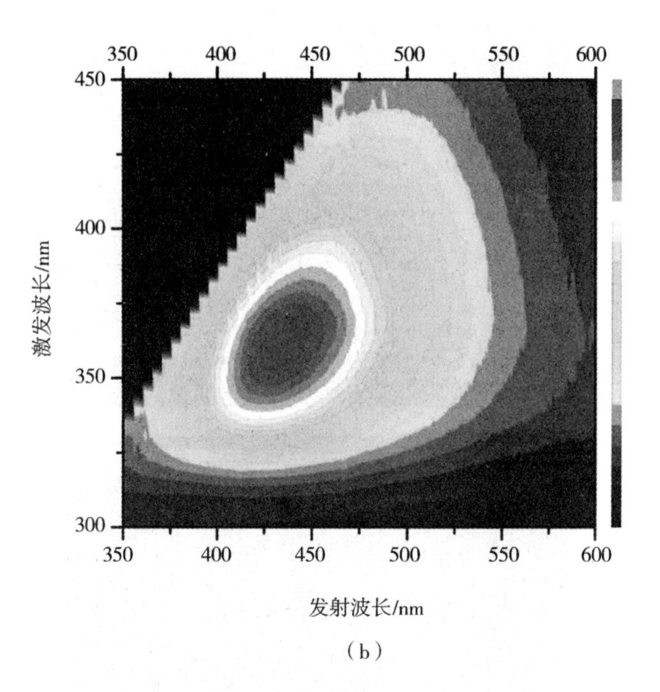
350
400
450
500
550
600
450
400
350
300
激发波长/nm
350
400
450
500
550
600
发射波长/nm

（b）

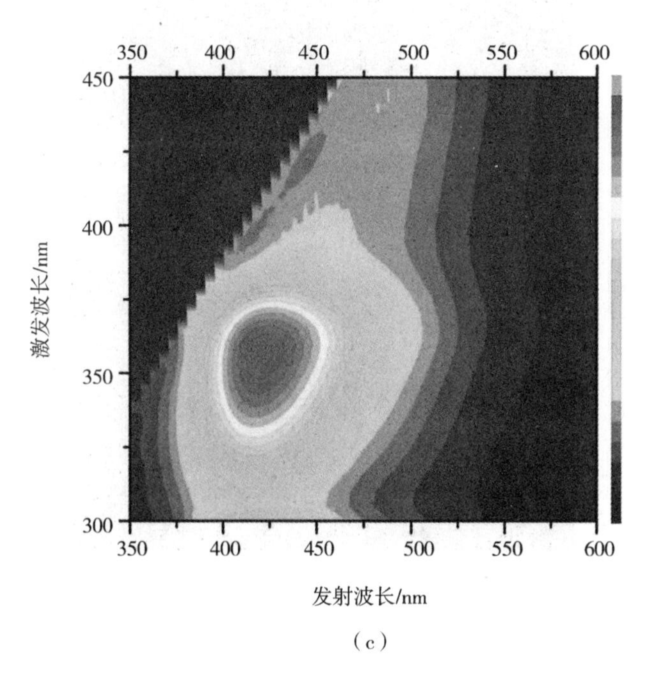
350
400
450
500
550
600
450
400
350
300
激发波长/nm
350
400
450
500
550
600
发射波长/nm

（c）

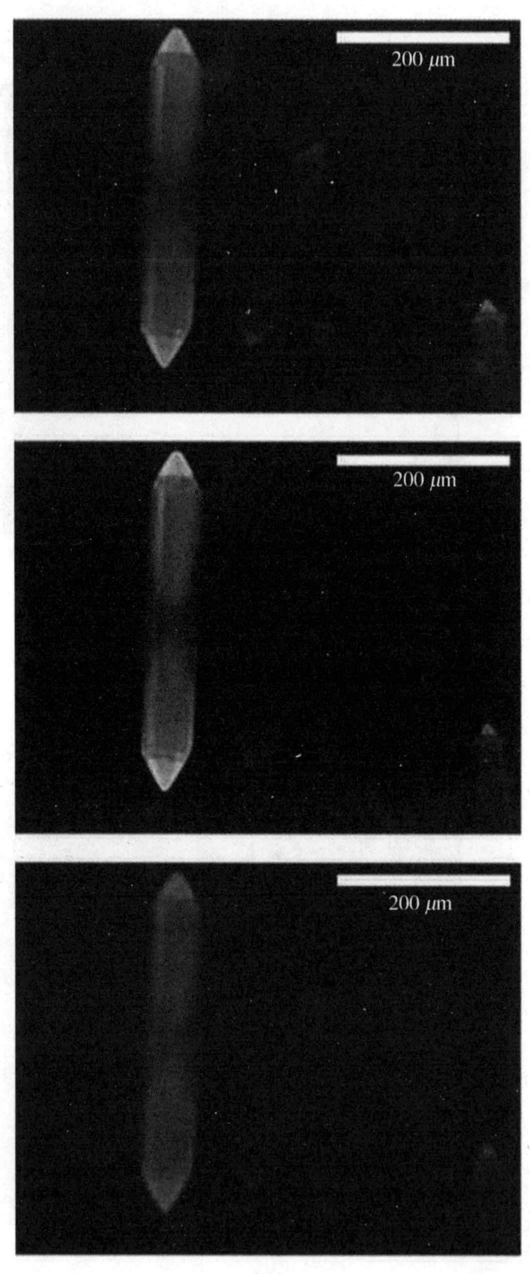

(d)

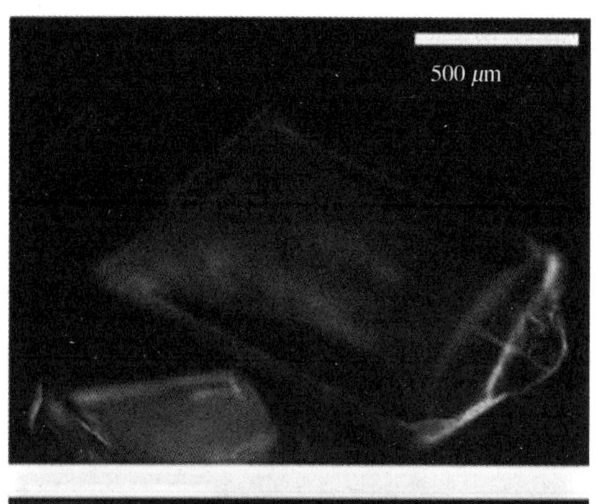

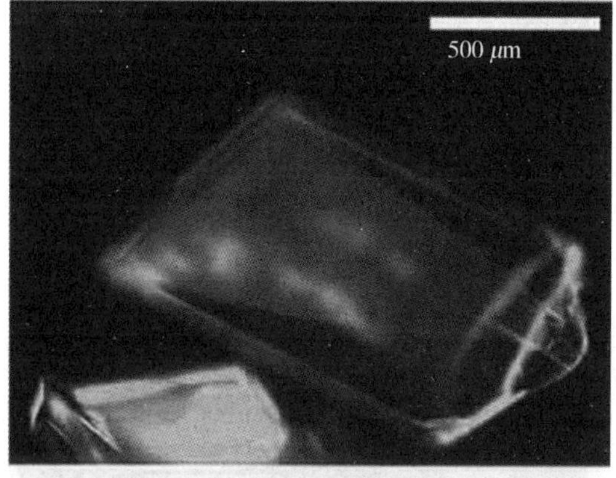

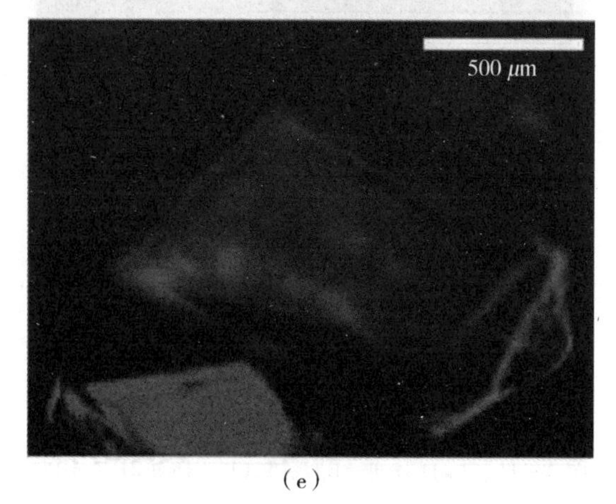

(e)

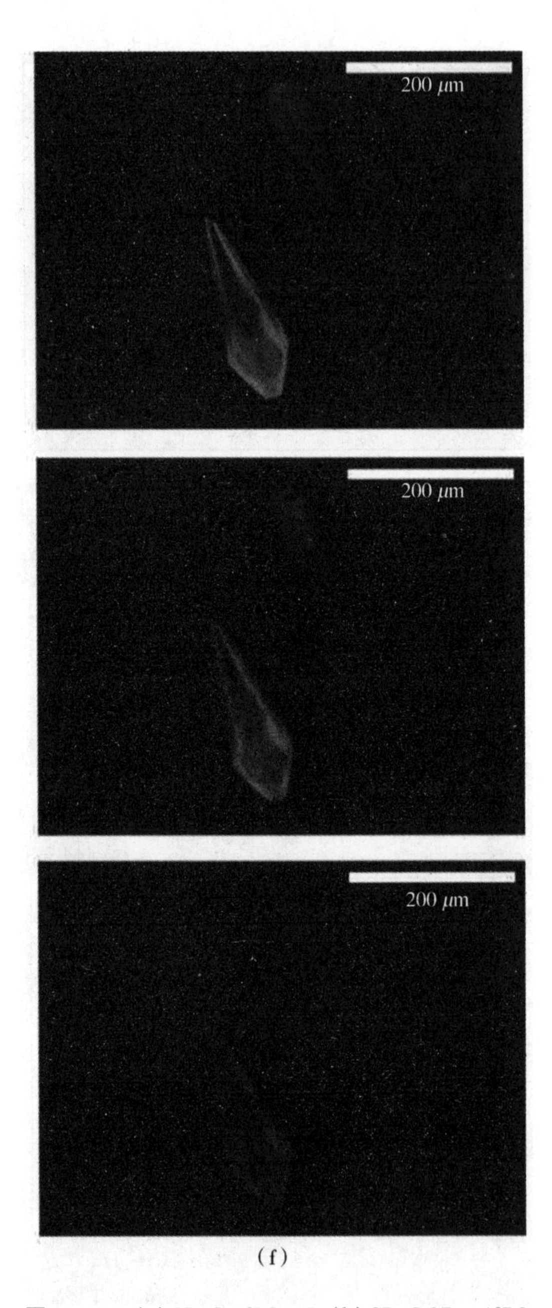

(f)

图 2-11 (a)CDs@ AlPO-5、(b)CDs@ 2D-AlPO 和(c)CDs@ MgAPO-5 复合材料激发-发射二维光谱图；(d)CDs@ AlPO-5、(e)CDs@ 2D-AlPO 和(f)CDs@ MgAPO-5 复合材料分别在紫外、蓝光和绿光激发下的荧光显微镜照片

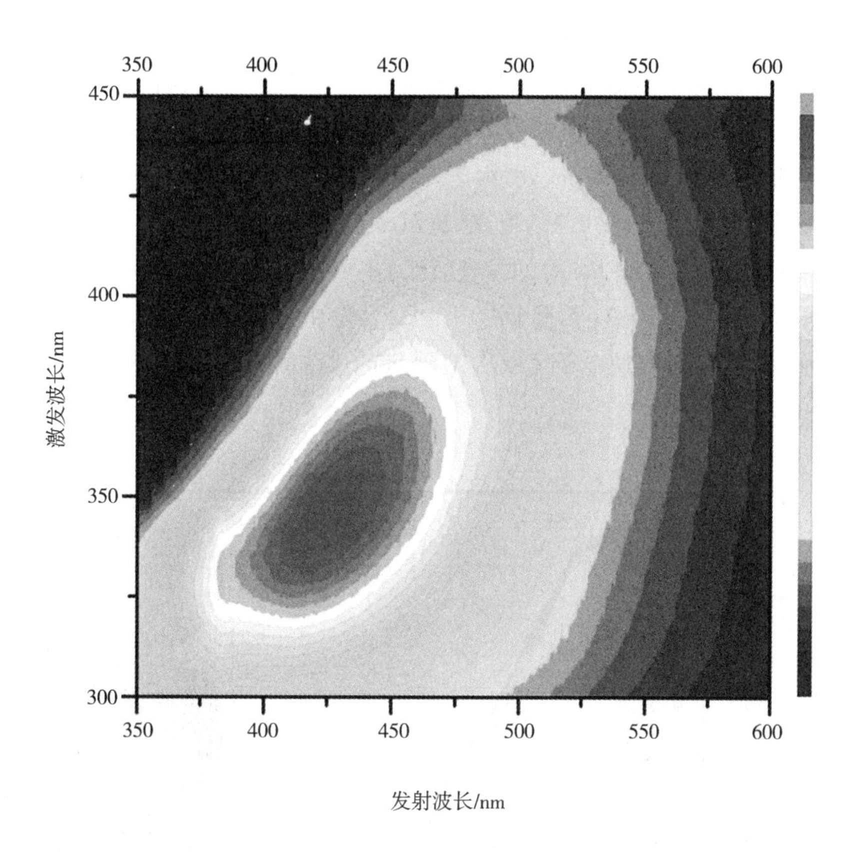

图2－12　CDs@ AlPO－5 复合材料母液的激发－发射二维光谱图

2.3.3　碳点@分子筛复合材料的热致延迟荧光性质

在370 nm紫外光激发下,CDs@ AlPO－5复合材料呈现出深蓝色发光性质,其发光中心在430 nm左右。室温下,当紫外光激发停止后,复合材料可以显现出肉眼可见的延迟荧光。其延迟荧光的发光中心也在430 nm,与稳态光谱一致[如图2－13(a)所示]。在室温下的荧光寿命衰减图谱显示,材料在430 nm处发光具有2.9 ns的短寿命和350 ms的长寿命,如图2－13(b)所示。这证明了CDs@ AlPO－5复合材料同时存在荧光和延迟荧光两种发光行为。变温荧光寿命衰减图谱显示，当温度从100 K逐渐升高到350 K时，其长寿命发光组分（延迟荧光发光组分）的比例相应增加，这说明其延迟荧光现象是受热能活化影响的，是典型热致延迟材料的特点[5,19]。进一步，我们研究了CDs@AlPO－5复合材料的S_1激发态和T_1激发态间的能级差（ΔE_{ST}）：在77 K下，其延迟光谱的发光中心在466 nm处，由于环境温度为77 K条件下，其延迟光谱可以认为是材料三重激发态（T_1）的发光，从而可定其T_1为2.66 eV。相比于在77 K下稳态荧光光谱在430 nm处的发光（认为主要是S_1发光，S_1能量为2.88 eV），我们可得出CDs@AlPO－5复合材料的ΔE_{ST}为0.22 eV。由于ΔE_{ST}足够小，室温下环境的热能即可使电子完成从T_1到S_1的反系间窜跃过程，因此有利于实现TADF现象。

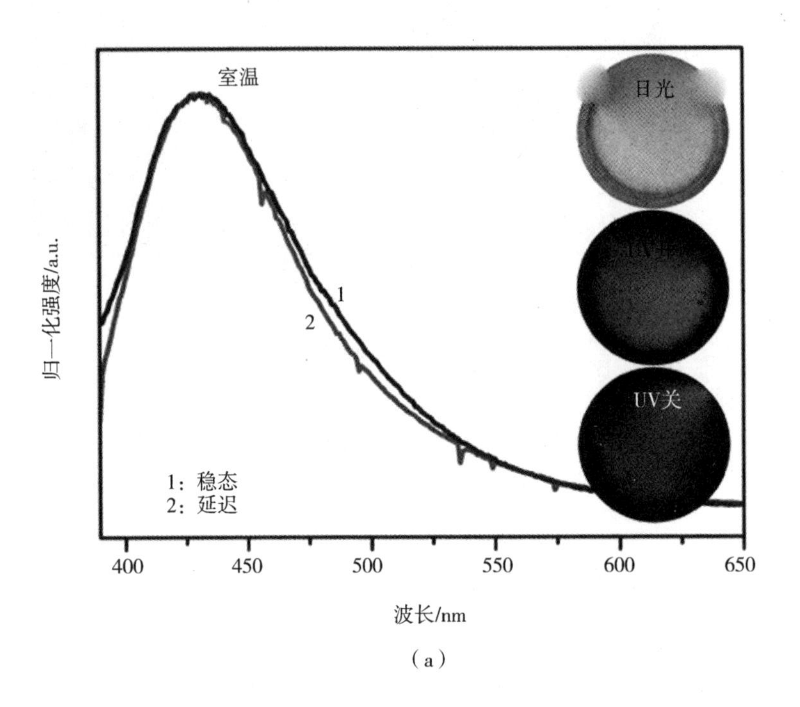

（a）

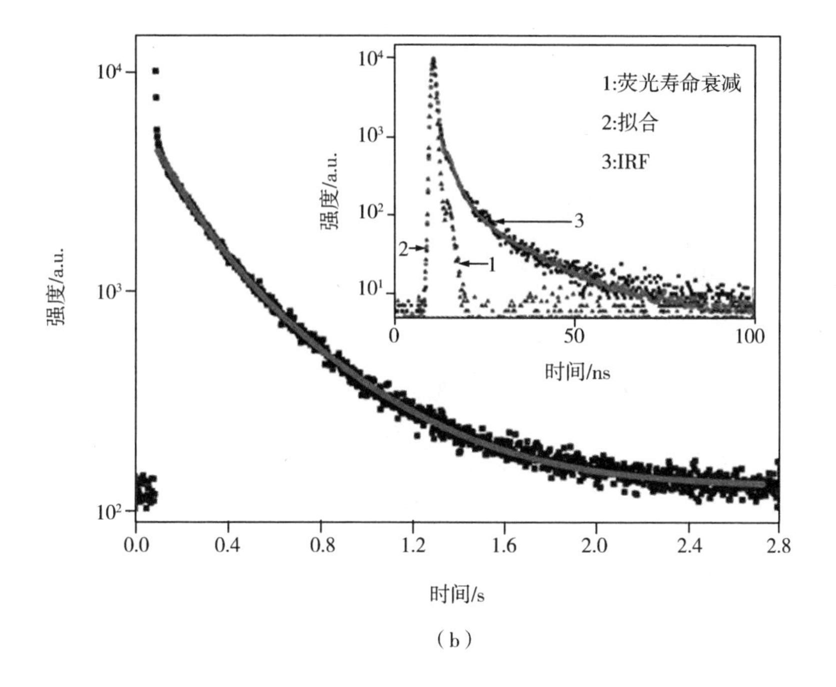
1:荧光寿命衰减
2:拟合
3:IRF
强度/a.u.
时间/ns
强度/a.u.
时间/s

（b）

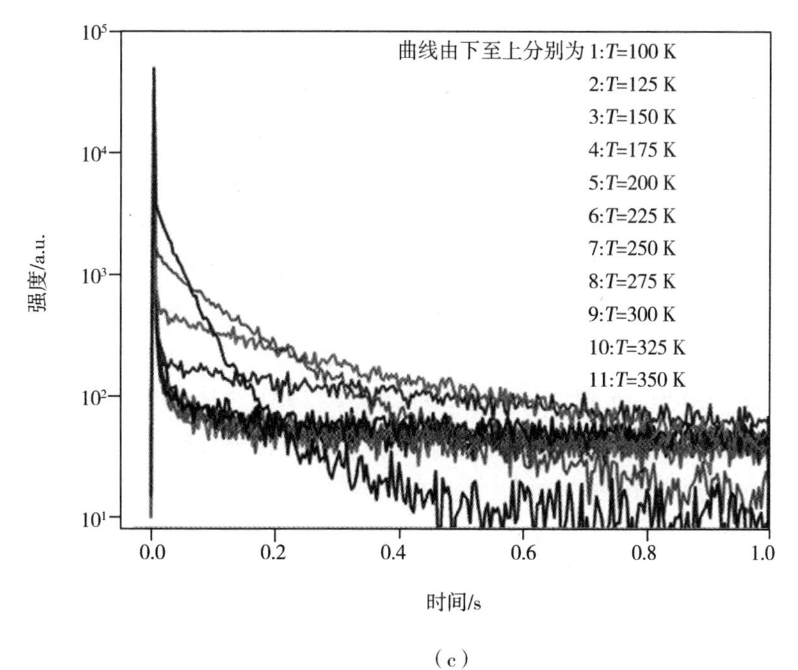
曲线由下至上分别为 1:T=100 K
2:T=125 K
3:T=150 K
4:T=175 K
5:T=200 K
6:T=225 K
7:T=250 K
8:T=275 K
9:T=300 K
10:T=325 K
11:T=350 K
强度/a.u.
时间/s

（c）

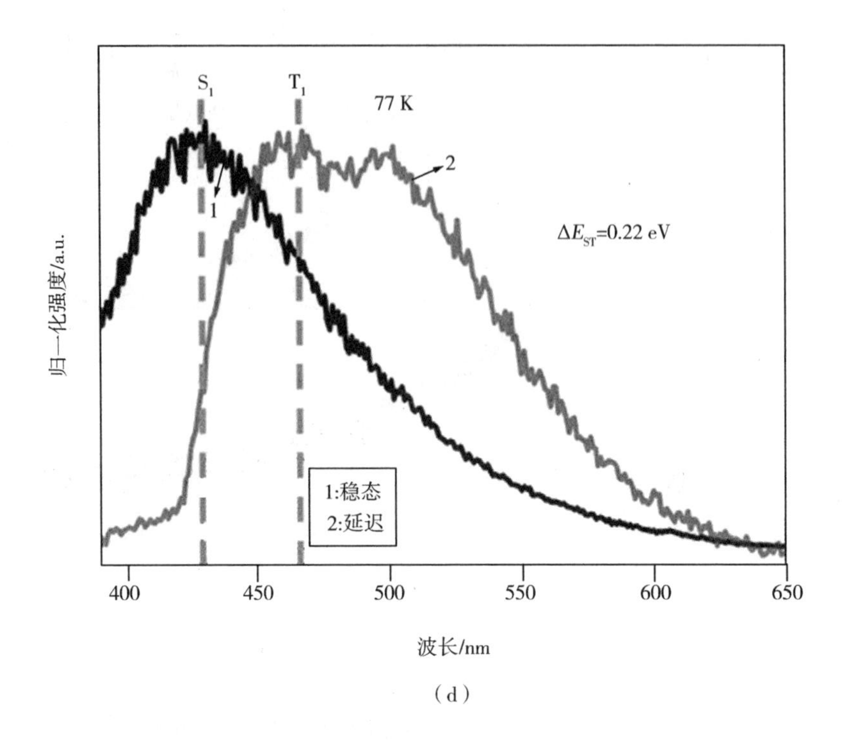

(d)

图 2-13 (a)CDs@ AlPO-5 复合材料在室温 370 nm 激发下的稳态光谱(1)和延迟荧光光谱(2),插图为材料在日光、365 nm UV 激发、激发停止后的照片;(b)在室温空气环境下的荧光寿命衰减图谱图;(c)变温荧光寿命衰减图谱;(d)在 77 K 下 370 nm 激发的稳态光谱(1)和延迟荧光光谱(2)

与 CDs@ AlPO-5 相似,CDs@ 2D-AlPO 和 CDs@ MgAPO-5 复合材料也存在热致延迟荧光现象,其寿命分别为 197 ms 和 216 ms,使用同样的方法计算可得它们的 ΔE_{ST} 为 0.23 eV 和 0.22 eV(如图 2-14 和图 2-15 所示)。这些复合材料在 370 nm 激发下的光物理性质总结如表 2-1 所示。

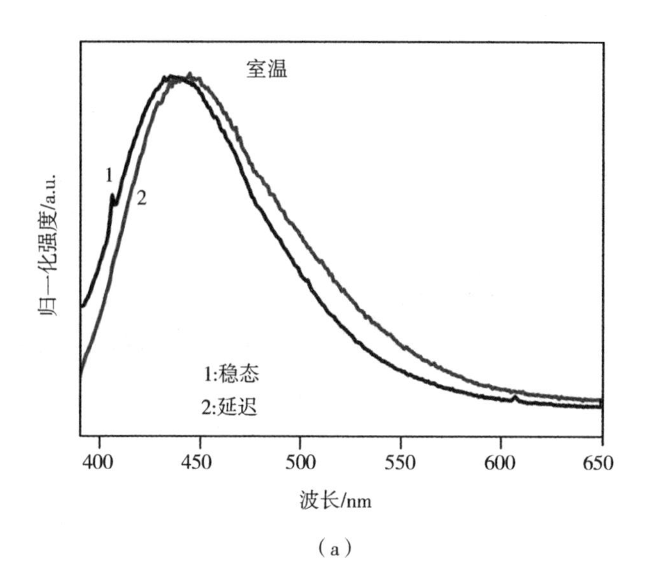
室温
1
2
归一化强度/a.u.
1:稳态
2:延迟
400
450
500
550
600
650
波长/nm

(a)

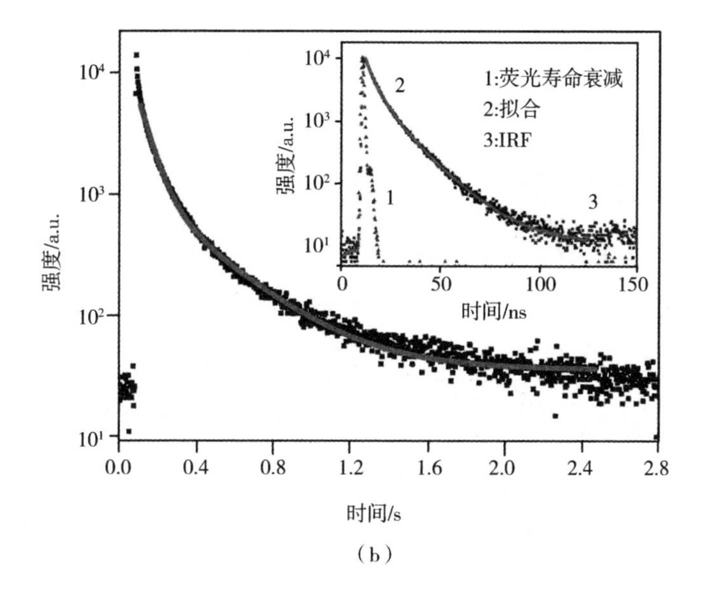
10^4
10^3
10^2
10^1
强度/a.u.
0.0
0.4
0.8
1.2
1.6
2.0
2.4
2.8
时间/s
1:荧光寿命衰减
2:拟合
3:IRF
强度/a.u.
0
50
100
150
时间/ns

(b)

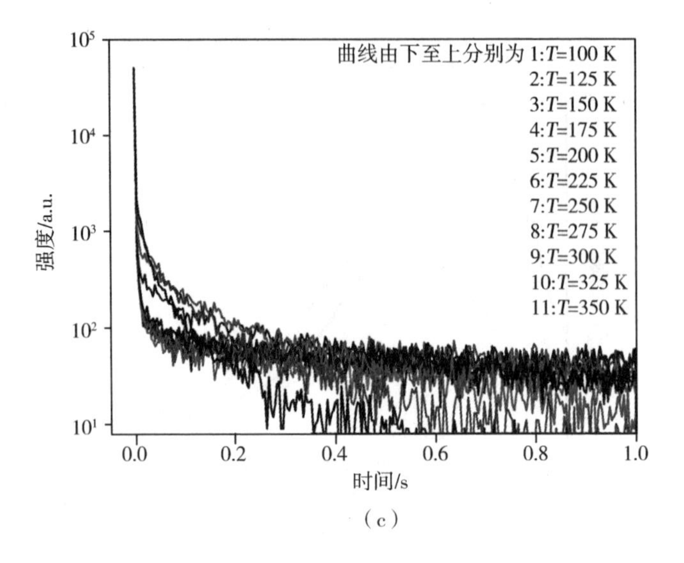

（c）

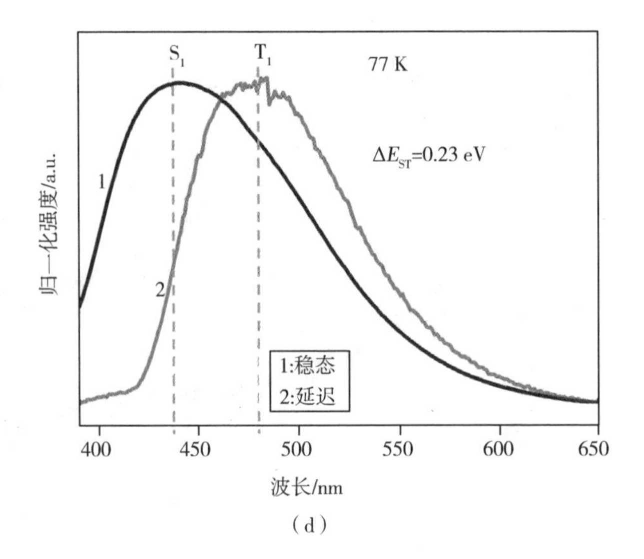

（d）

图 2-14 (a) CDs@2D-AlPO 复合材料在室温 370 nm 激发下的稳态光谱(1)和延迟荧光光谱(2) (b)在室温空气环境下的荧光寿命衰减图谱;(c)变温荧光寿命衰减图谱;(d)在 77 K 下 370 nm 激发的稳态光谱(1)和延迟荧光光谱(2)

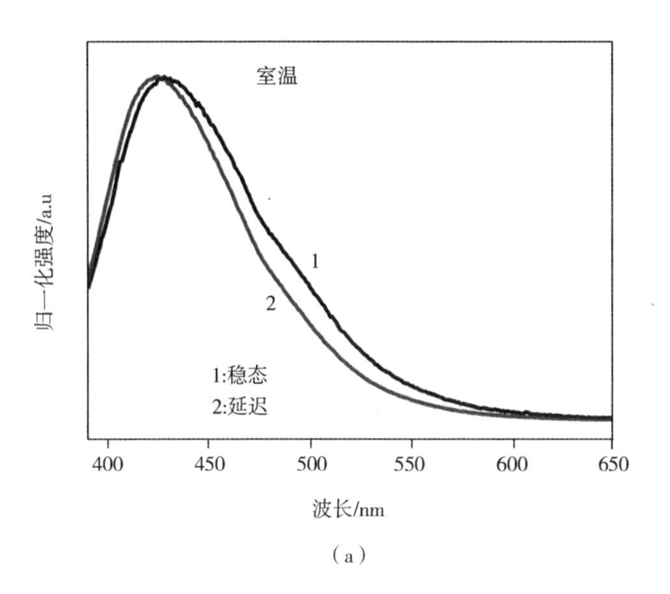
室温
归一化强度/a.u
1
2
1:稳态
2:延迟
400
450
500
550
600
650
波长/nm

(a)

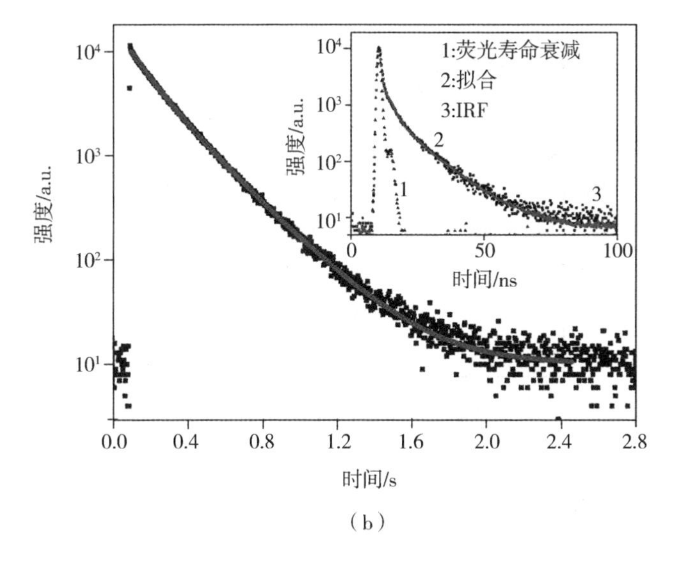
强度/a.u.
10⁴
10³
10²
10¹
0.0
0.4
0.8
1.2
1.6
2.0
2.4
2.8
时间/s
1:荧光寿命衰减
2:拟合
3:IRF
强度/a.u.
0
50
100
时间/ns

(b)

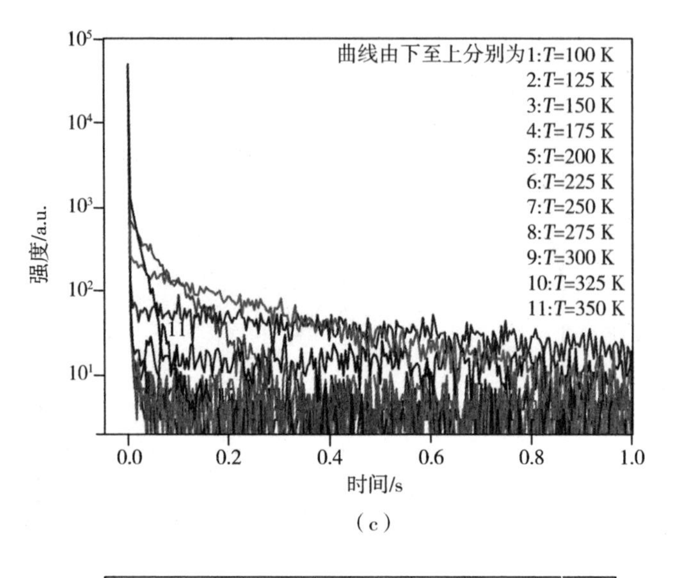

(c)

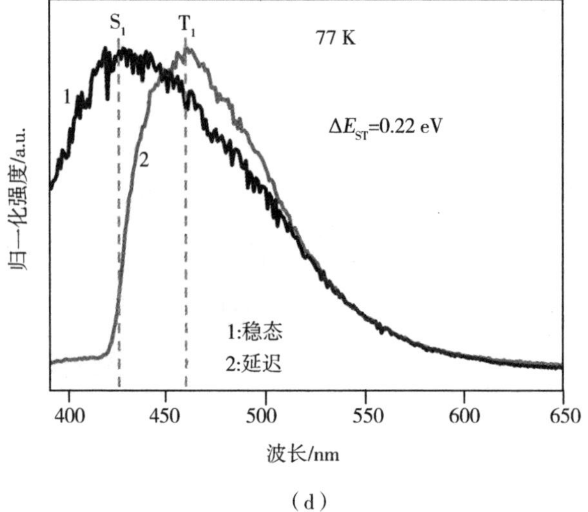

(d)

图 2-15 (a)CDs@ MgAPO-5 复合材料在室温 370 nm 激发下的稳态光谱(1)和延迟荧光光谱(2);(b)在室温空气环境下的荧光寿命衰减图谱;(c)变温荧光寿命衰减图谱;(d)在 77 K 下 370 nm 激发的稳态光谱(1)和延迟荧光光谱(2)

表 2-1　碳点@分子筛复合材料在 370 nm 激发下的光物理性质

复合材料	PL/nm	CIE	φ/%	τ_{TADF}/ms	ΔE_{ST}/eV
CDs@AlPO-5	430	(0.17, 0.13)	15.53	350	0.22
CDs@2D-AlPO	440	(0.17, 0.14)	52.14	197	0.23
CDs@MgAPO-5	425	(0.17, 0.13)	22.77	216	0.22

2.3.4　碳点@分子筛复合材料的热致延迟荧光发光机制

为理解热致延迟荧光发光现象产生的原因，我们对复合材料进行 X 射线光电子能谱分析、紫外可见光谱分析和傅里叶变换红外光谱分析。在对 CDs@AlPO-5 复合材料的 XPS 分析中，C 1s 图谱可拟合为 C—C/C ═C 键(284.6 eV)、C—O/C—N 键(286.3 eV)、C ═O/C ═N 键(287.6 eV)三个峰[如图 2-16(a)所示]。N 1s 图谱可以拟合为吡啶 N(400.2 eV)和吡咯 N(402.2 eV)两个峰[如图 2-16(b)所示]。[27] CDs@AlPO-5 复合材料的紫外可见光谱显示出 C ═C 键的 π—π^* 跃迁(263 nm)以及 C ═O/C ═N 键的 n—π^* 跃迁(350 nm)[如图 2-16(c)所示]。[24] 傅里叶变换红外光谱也显示出 C—O/C—N 和 C ═O/C ═N 键的存在，1051 cm^{-1} 及 1169 cm^{-1} 处的峰归属于 ν_{C-O} 及 ν_{C-N}，1481 cm^{-1} 及 1654 cm^{-1} 处的峰归属于 $\nu_{C=C}$ 及 $\nu_{C=O/C=N}$[如图 2-16(d)所示]。[25] 考虑到复合材料中模板剂三乙胺的存在，我们推断 C ═O 及 C ═N 基团归属于碳点表面的官能基团。同时，碳点上的 C ═O/C ═N 官能团是加强系间窜跃过程、促进三重激发态生成的关键。[43-46]

与 CDs@AlPO-5 复合材料类似，我们在 CDs@2D-AlPO 和 CDs@MgAPO-5 复合材料中也发现了 C ═O/C ═N 等碳点官能团(如图 2-17 和图 2-18 所示)。碳点@分子筛复合材料和稀释母液的荧光寿命及其指前因子情况如表 2-2 所示。

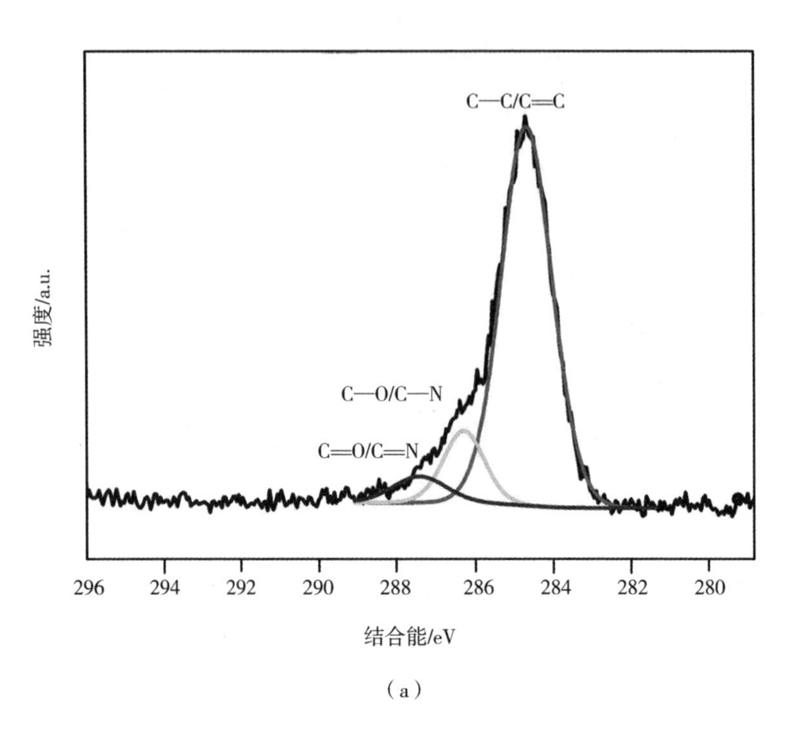
C—C/C═C
C—O/C—N
C═O/C═N
强度/a.u.
296
294
292
290
288
286
284
282
280
结合能/eV

（a）

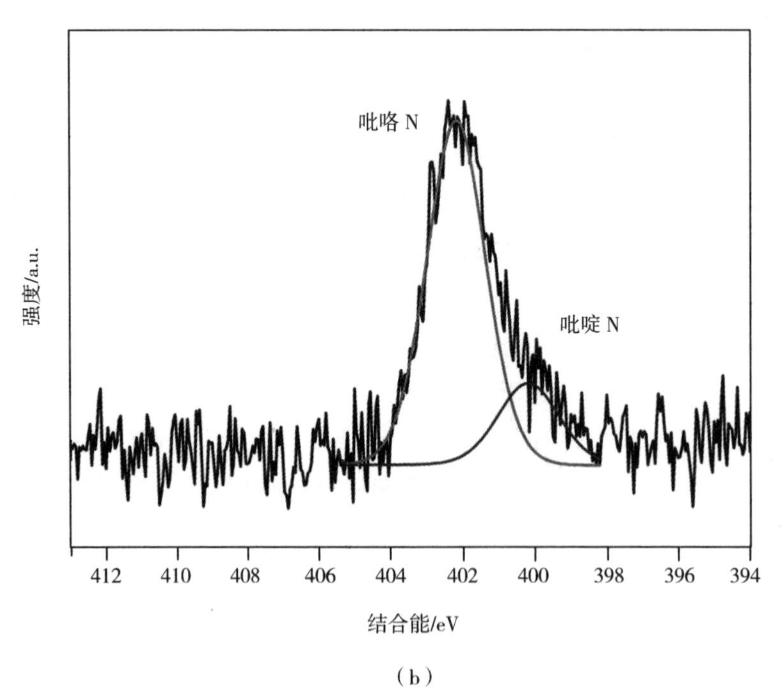
吡咯 N
吡啶 N
强度/a.u.
412
410
408
406
404
402
400
398
396
394
结合能/eV

（b）

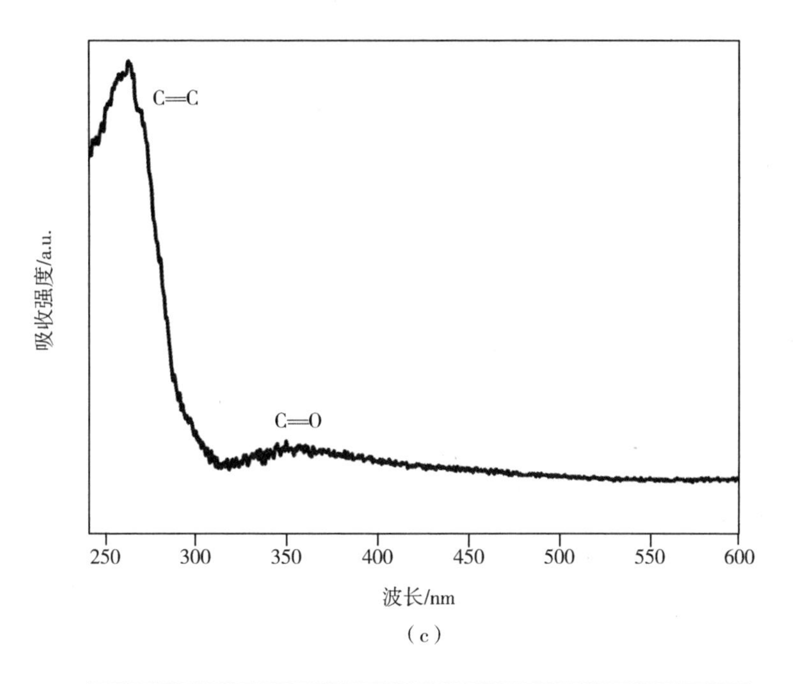

(c)

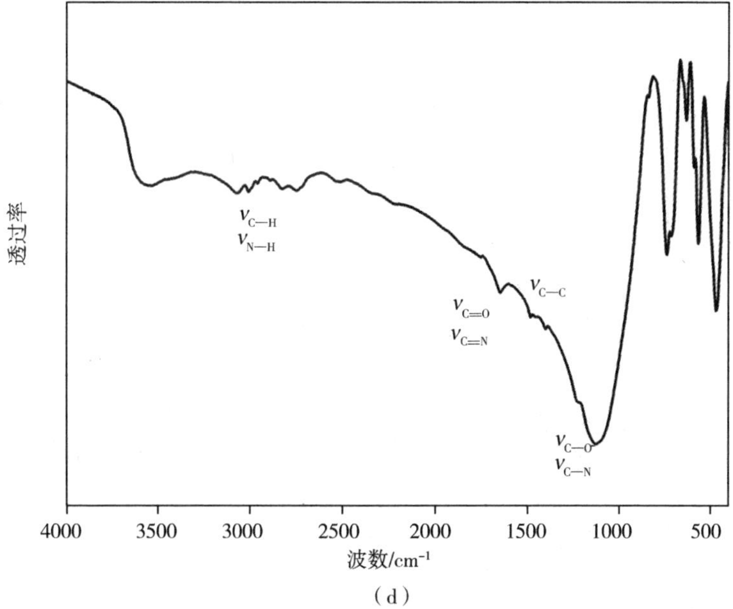

(d)

图 2 - 16　CDs@ AlPO - 5 复合材料的 C 1s(a)和 N 1s(b)的高分辨 XPS 谱图;(c)固体紫外可见吸收光谱;(d)傅里叶变换红外光谱

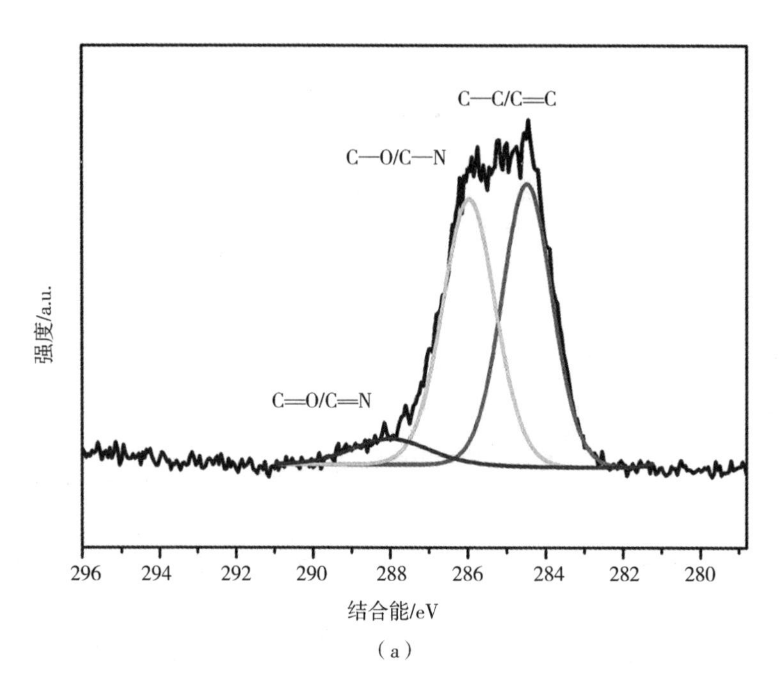
C—C/C═C
C—O/C—N
C═O/C═N
强度/a.u.
296
294
292
290
288
286
284
282
280
结合能/eV

（a）

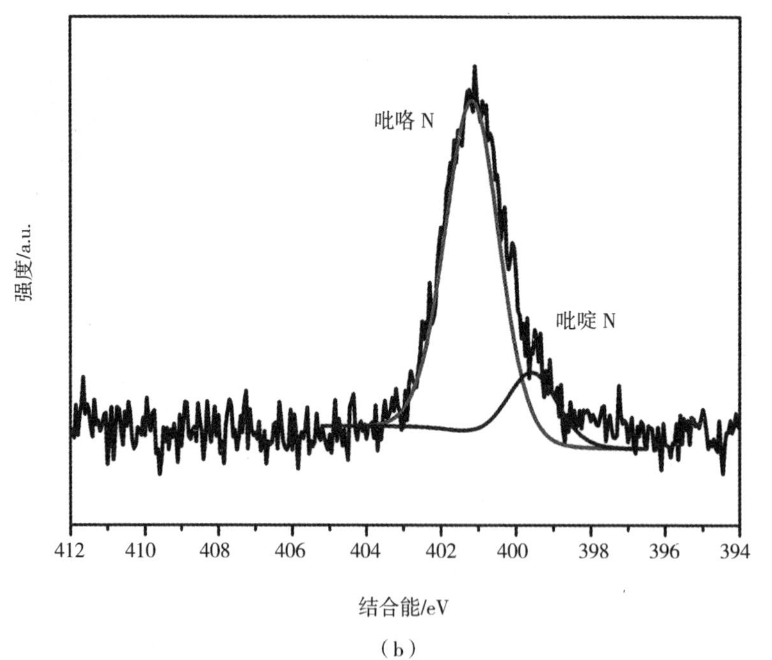
吡咯 N
吡啶 N
强度/a.u.
412
410
408
406
404
402
400
398
396
394
结合能/eV

（b）

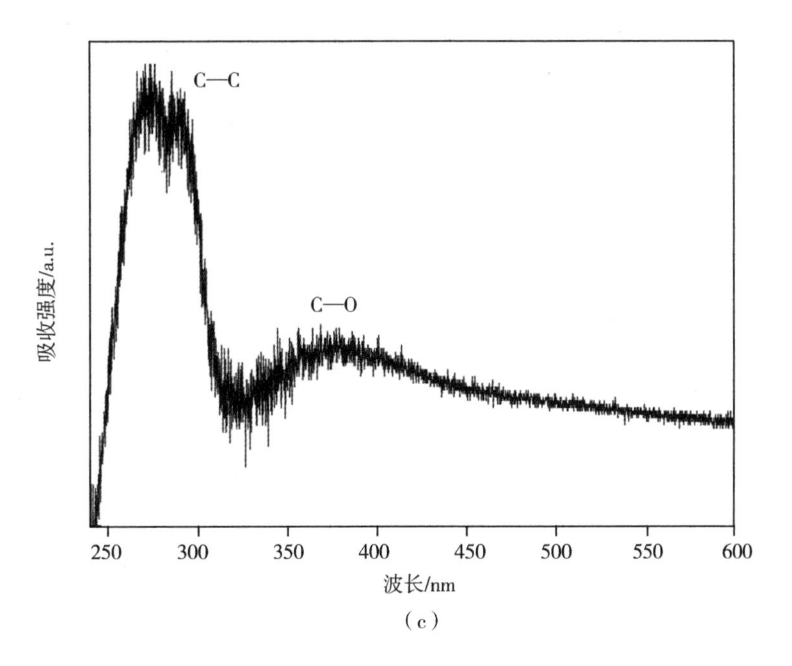

(c)

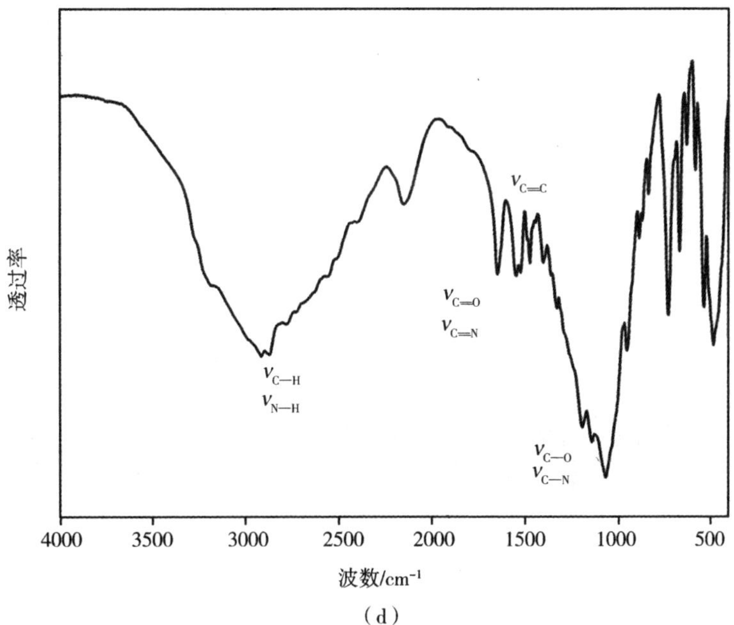

(d)

图 2-17　CDs@2D-AlPO 复合材料的(a)C 1s 和(b)N 1s 的高分辨 XPS 谱图;(c)固体紫外可见吸收光谱;(d)傅里叶变换红外光谱

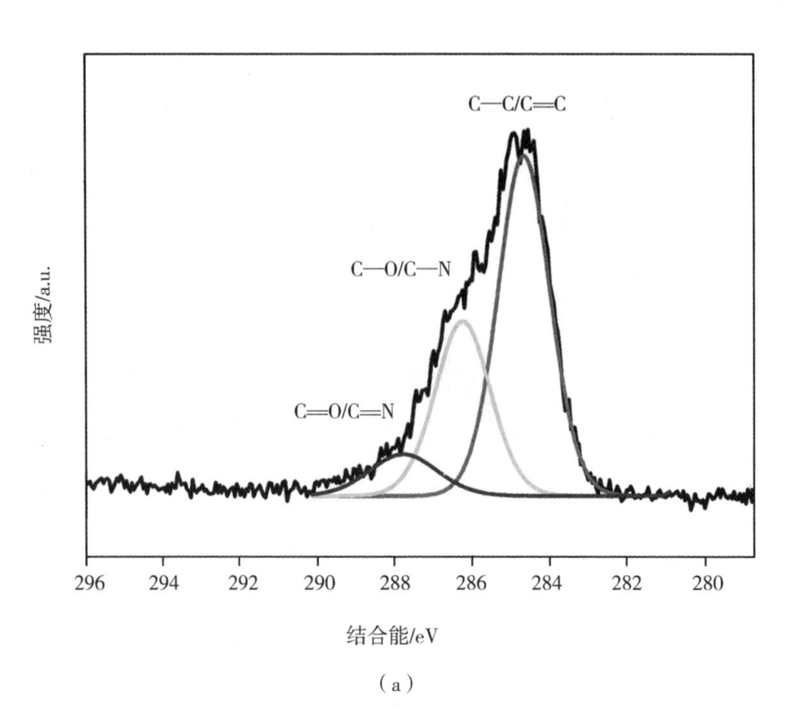
C—C/C═C
C—O/C—N
C═O/C═N
强度/a.u.
296 294 292 290 288 286 284 282 280
结合能/eV

（a）

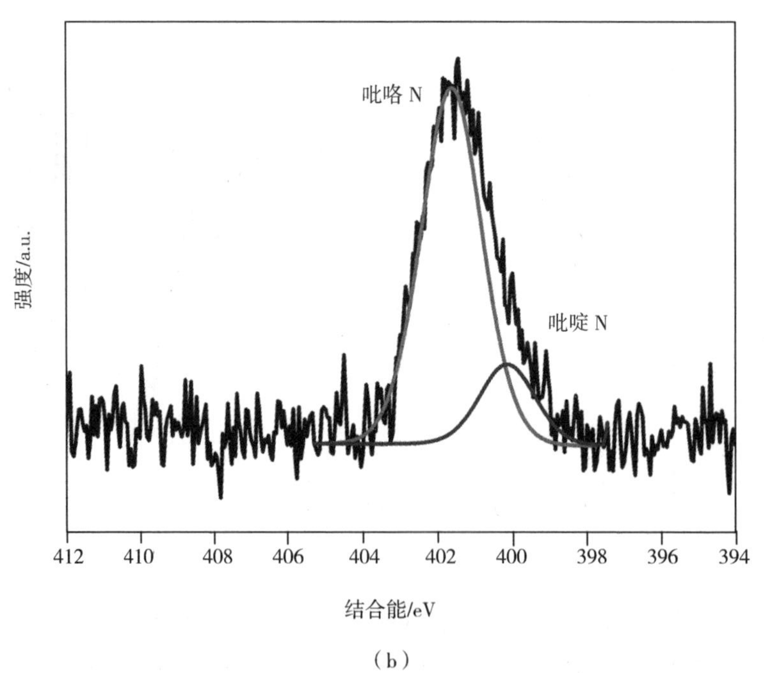
吡咯 N
吡啶 N
强度/a.u.
412 410 408 406 404 402 400 398 396 394
结合能/eV

（b）

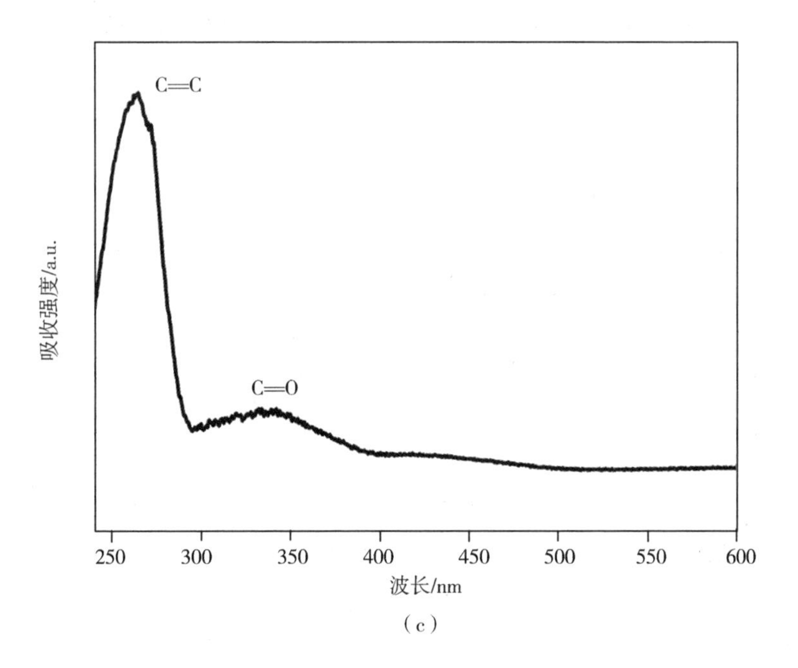

(c)

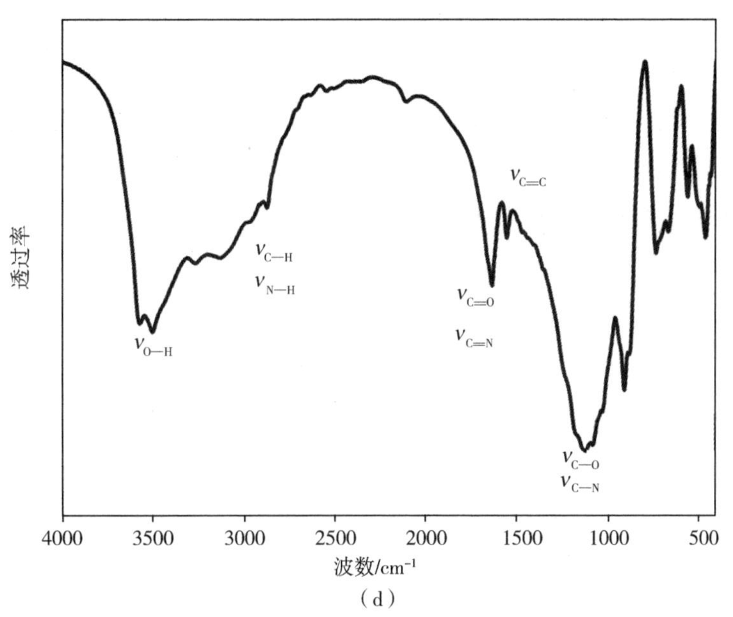

(d)

图 2－18　CDs@ MgAPO－5 复合材料的(a)C 1s 和(b)N 1s 的高分辨 XPS 谱图;(c)固体紫外可见吸收光谱;(d)傅里叶变换红外光谱

表 2－2　碳点@分子筛复合材料和稀释母液的荧光寿命及其指前因子

复合材料	τ_p/ns						τ_{TADF}/ms			
	τ_1	A_1	τ_2	A_2	τ_3	A_3	τ_1	A_1	τ_2	A_2
CDs@AlPO－5	14.4	0.0025	3.6	0.015	0.3	0.57	151.4	2172	423.7	2094
CDs@2D－AlPO	17.9	0.023	7.7	0.068	2.3	0.095	65.5	4376	316.9	989
CDs@MgAPO－5	12.9	0.0088	3.6	0.025	0.2	2.03	127.5	4835	256.8	5275
CDs@AlPO－5 母液	10.5	0.019	3.5	0.089	0.7	0.19	—	—	—	—

值得注意的是，在室温下，母液中的碳点只能发出 5.1 ns 的短寿命荧光（如图 2－19 所示），这证明了无机分子筛骨架在稳定长寿命的三重激发态上起了至关重要的作用。在室温下，母液中碳点的三重激发态大都通过分子振动转动等非辐射跃迁的形式耗散掉。相反，具有纳米空间限域作用的分子筛晶格通过限域发光的官能基团而限制其分子内振转，从而极大程度上稳定了三重激发态。值得注意的是，碳点的尺寸远大于分子筛的微孔尺寸，所以我们推断碳点处在分子筛骨架结构中的缺陷位中。间断的分子筛骨架缺陷位点包含大量的端羟基基团，这些端羟基基团与碳点表面的 C ═N 和 C ═O 等官能团可以形成复杂的氢键相互作用，从而限制其振转和非辐射跃迁过程。因此，分子筛不仅是一个理想的基质材料，可以对碳点起到分散作用；更重要的是，分子筛骨架可以很好地限域碳点表面的官能基团，从而达到稳定三重激发态的作用。

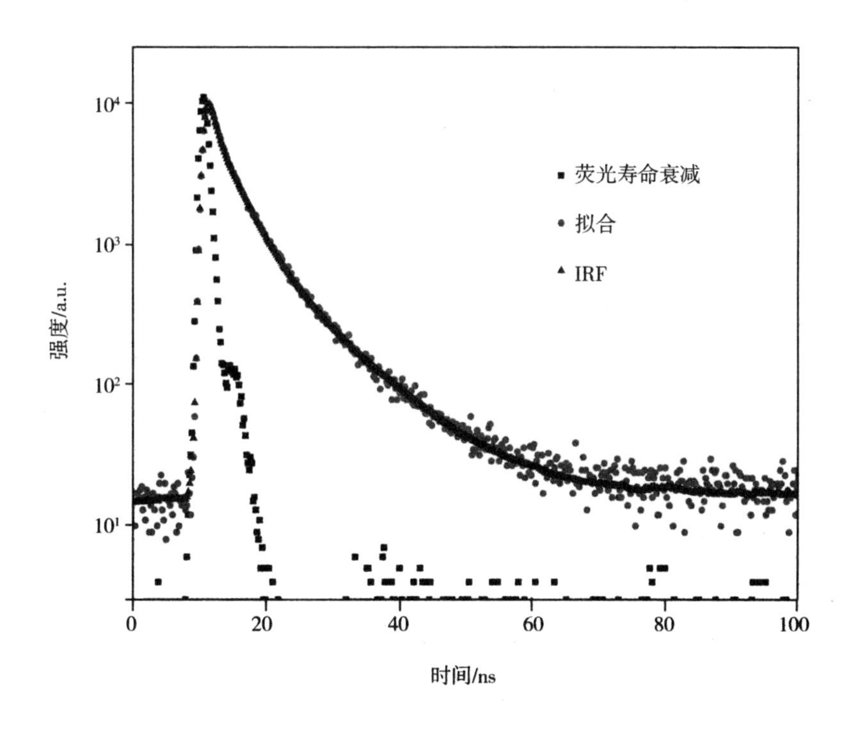

图2-19 CDs@ AlPO-5母液在室温空气环境下的荧光寿命衰减谱图

对于TADF材料来说,能级是影响整个发光过程至关重要的因素。[5,47]上述的研究表明,碳点@分子筛复合材料具有较小的ΔE_{ST}(0.22~0.23 eV),这使得反系间窜跃过程很容易发生。这些基于碳点的TADF材料可能的发光机制如图2-20所示。值得注意的是,这类碳点@分子筛复合材料能发出肉眼可见的超长延迟荧光。直到现在,报道的热致延迟荧光材料多集中于金属有机配合物和有机分子,其延迟荧光寿命大都从几微秒到几毫秒。碳点@分子筛复合材料超长的热致延迟荧光寿命是由于分子筛骨架结构和有机模板剂的存在抑制了非辐射跃迁过程。另外,由于氧是一个很强的三重态猝灭剂,传统的有机热致延迟材料不能在氧气存在的环境下呈现出高效的延迟荧光性能,碳点@分子筛复合材料与之不同,它可以在氧气存在的环境下工作。分子筛基质材料是一种出色的氧气阻隔剂,可以阻隔氧气,避免其对三重态激子的猝灭,从而展现出超长的延迟荧光寿命。另外,合成的碳点@分子筛复合材料在室温空气环境下能保持其稳定的 TADF 性能超过半年的时间,这体现了其很好的稳定性。表 2-3 及图 2-21 表征了室温空气环境下放置超过半年的碳点@分子筛复合材料在室温下的发光现象及寿命,表明其光物理性能并没有较大变化。

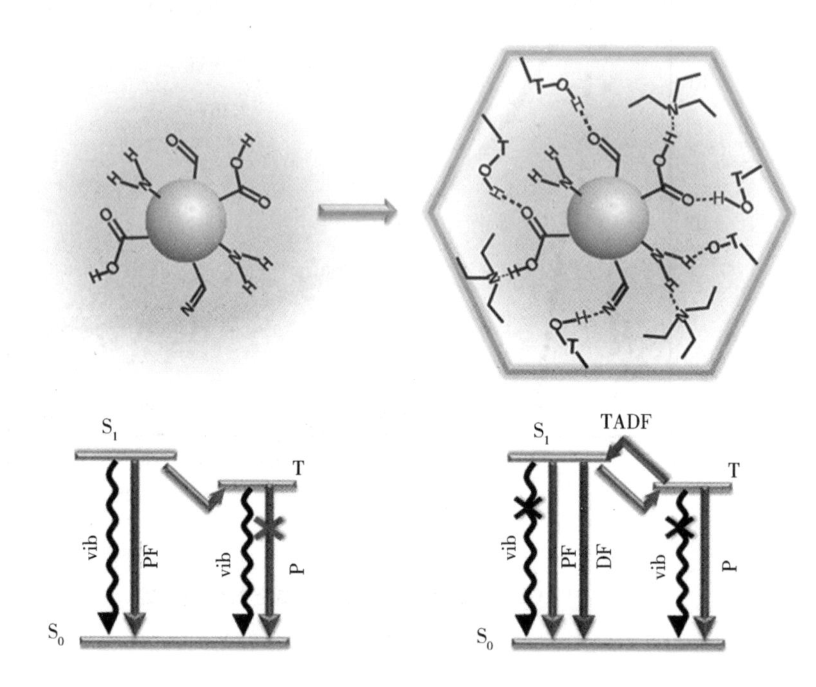

图 2-20 碳点@分子筛复合材料的 TADF 发光机制示意图

表 2-3 室温空气环境下放置超过半年的碳点@分子筛复合材料在室温下的发光现象及寿命

复合材料	PL /nm	$PL_{半年}$/nm	τ_{TADF}/ms	$\tau_{TADF-半年}$/ms
CDs@ AlPO-5	430	430	350	344
CDs@ 2D-AlPO	440	440	197	205
CDs@ MgAPO-5	425	425	216	213

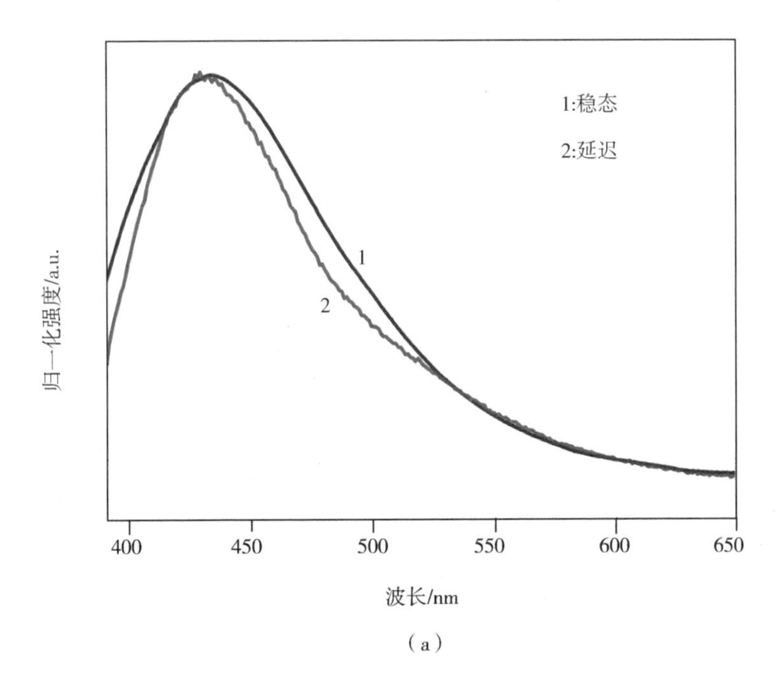
1:稳态
2:延迟
1
2
归一化强度/a.u.
400
450
500
550
600
650
波长/nm

(a)

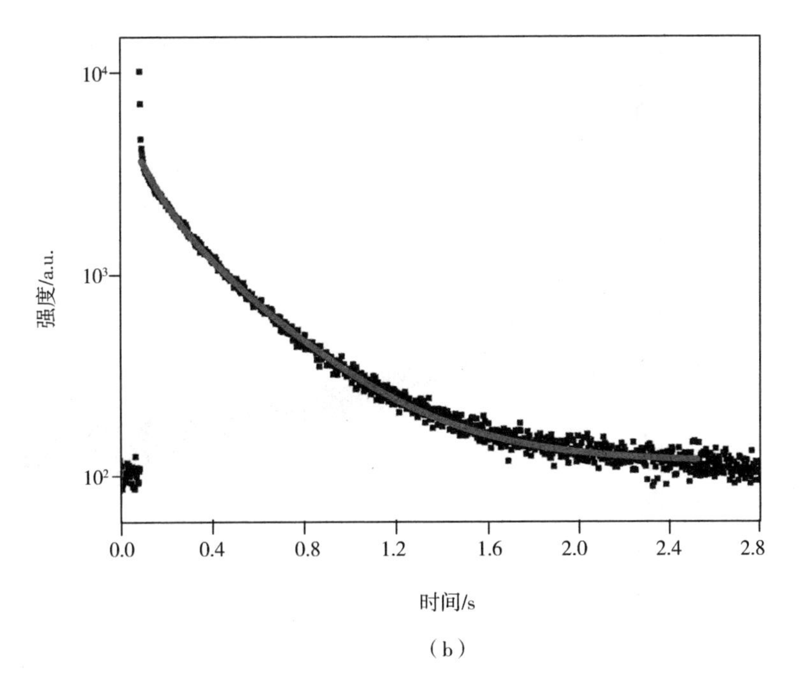
10^4
10^3
10^2
强度/a.u.
0.0
0.4
0.8
1.2
1.6
2.0
2.4
2.8
时间/s

(b)

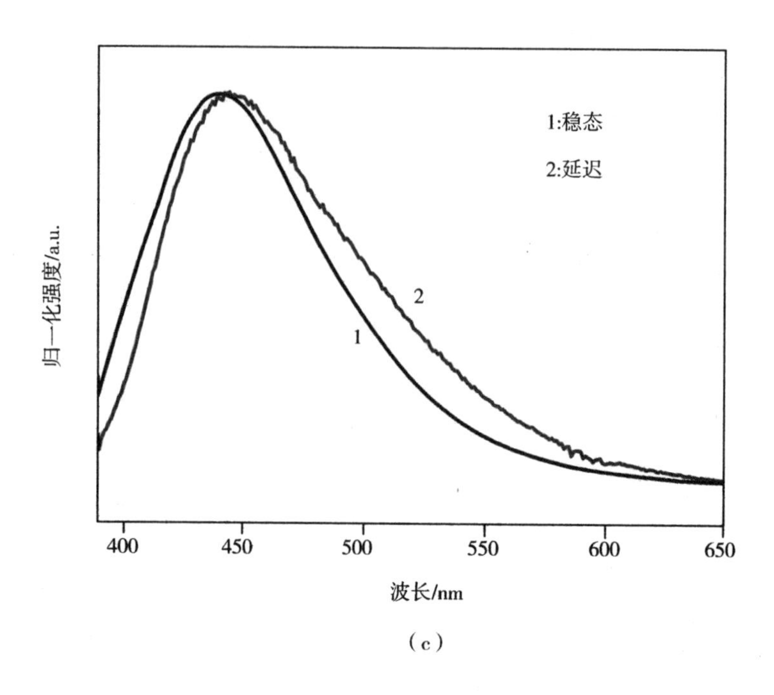
1:稳态
2:延迟
2
1
归一化强度/a.u.
400
450
500
550
600
650
波长/nm

(c)

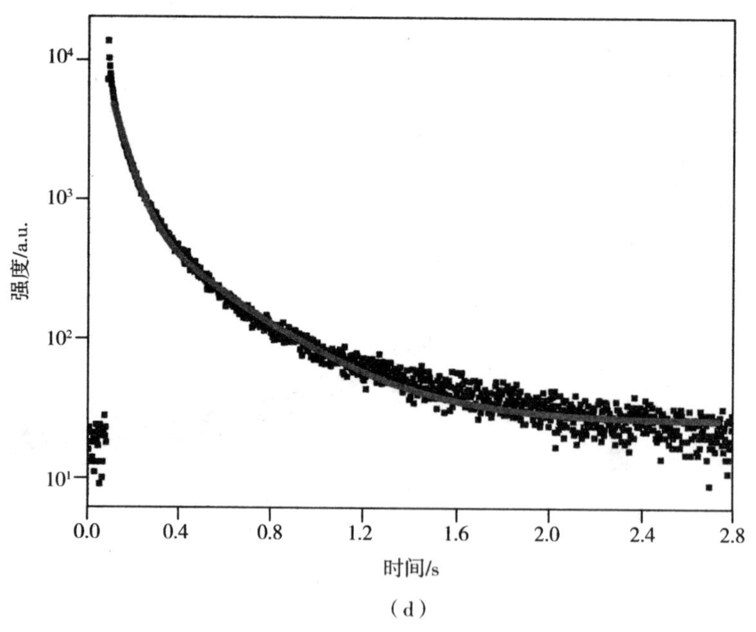
10^4
10^3
10^2
10^1
强度/a.u.
0.0
0.4
0.8
1.2
1.6
2.0
2.4
2.8
时间/s

(d)

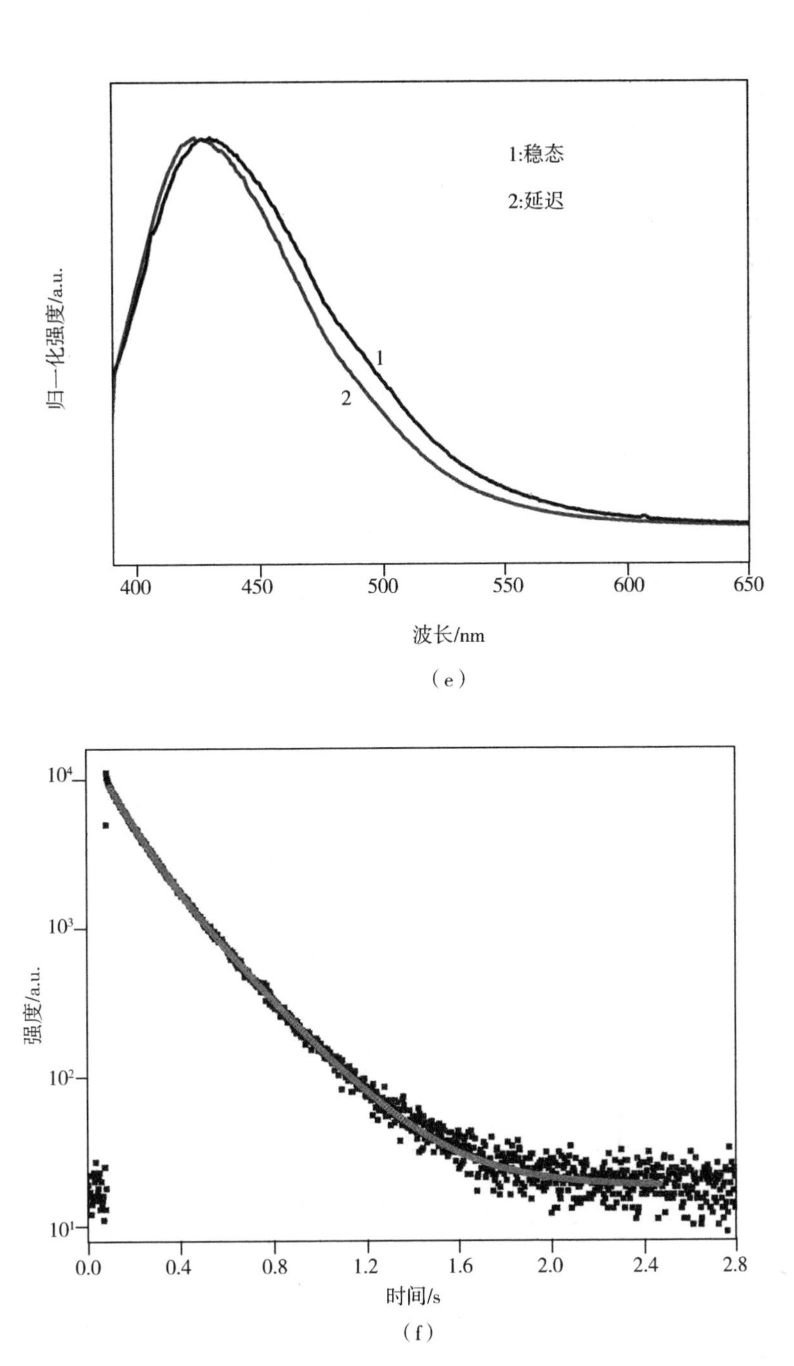

图2-21　室温空气环境下放置超过半年的 CDs@ AlPO-5(a)、(b),CDs@2D-AlPO(c)、(d),CDs@ MgAPO-5(e)、(f)**稳态光谱**(1)、**延迟荧光光谱**(2)**及荧光寿命衰减谱图**

2.3.5 碳点@分子筛复合材料的热致延迟荧光性能影响因素

同时,我们考察了碳点@分子筛复合材料的热致延迟荧光性能的影响因素。有机模板剂对碳点@分子筛复合材料的热致延迟荧光性能起到了至关重要的作用。我们将 CDs@AlPO-5 复合材料在 200 ℃真空烘箱中煅烧 5 h 来去除有机模板剂。从 XRD 谱图可以看出,所得材料的分子筛骨架结构依旧[如图 2-22(a)所示]。其热重曲线显示,有机模板剂部分脱除[如图 2-22(b)所示]。其荧光光谱和延迟荧光光谱位置没有明显变化,但 TADF 寿命从 350 ms 下降至 266 ms(如图 2-23 所示),荧光量子效率从 15.53% 下降至 3.98%(如表 2-4 所示)。当样品在 500 ℃烘箱中真空干燥后,分子筛骨架结构依旧保持[如图 2-22(a)所示],大量有机模板剂物种脱除[如图 2-22(b)所示]。其荧光光谱显示,在 500 nm 处出现了一个新的发光位置,但是其延迟荧光现象消失(如图 2-23 所示)。

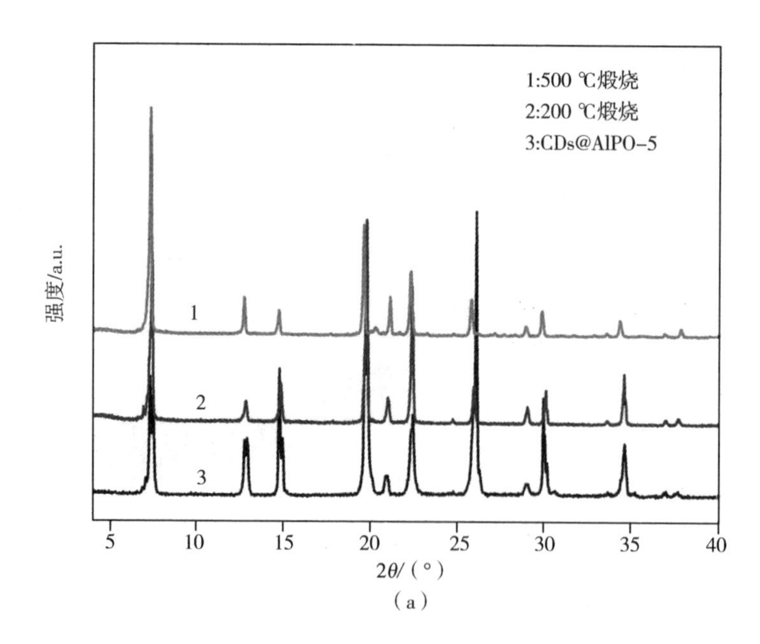

(a)

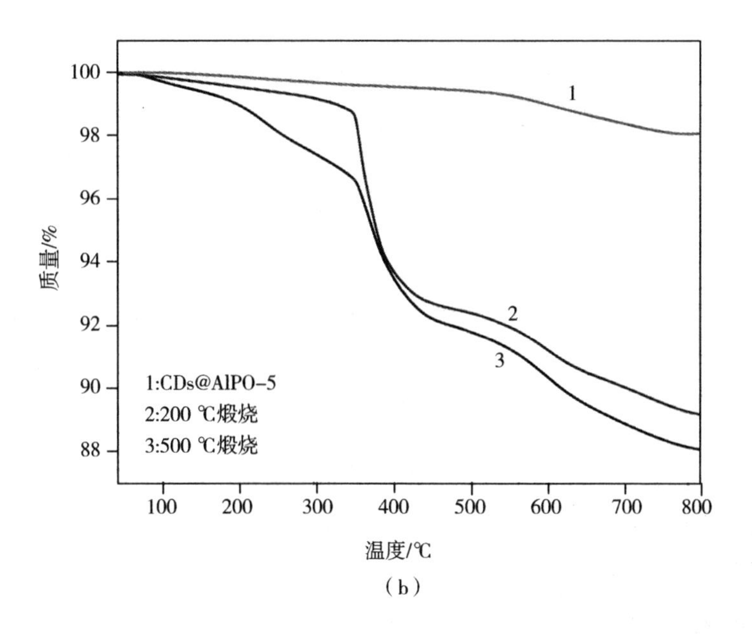

(b)

图2-22　不同温度真空干燥后的CDs@AlPO-5复合材料的(a)XRD谱图,(b)热重曲线

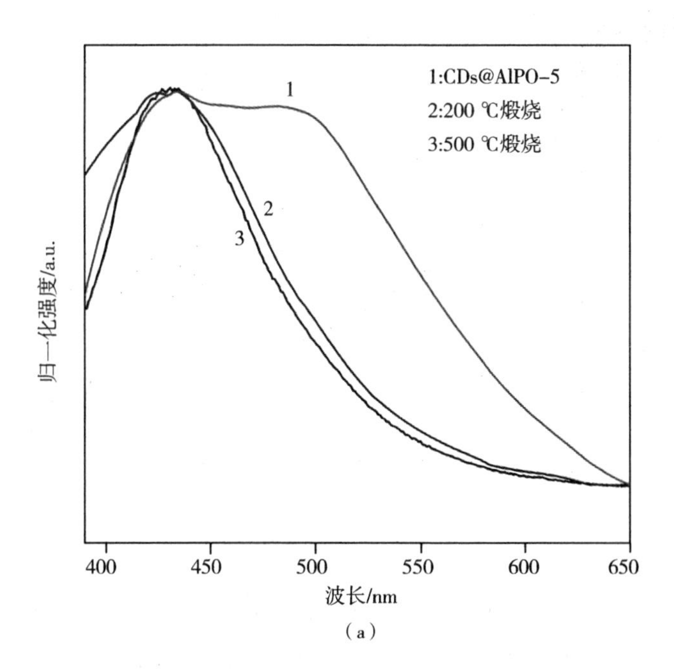

(a)

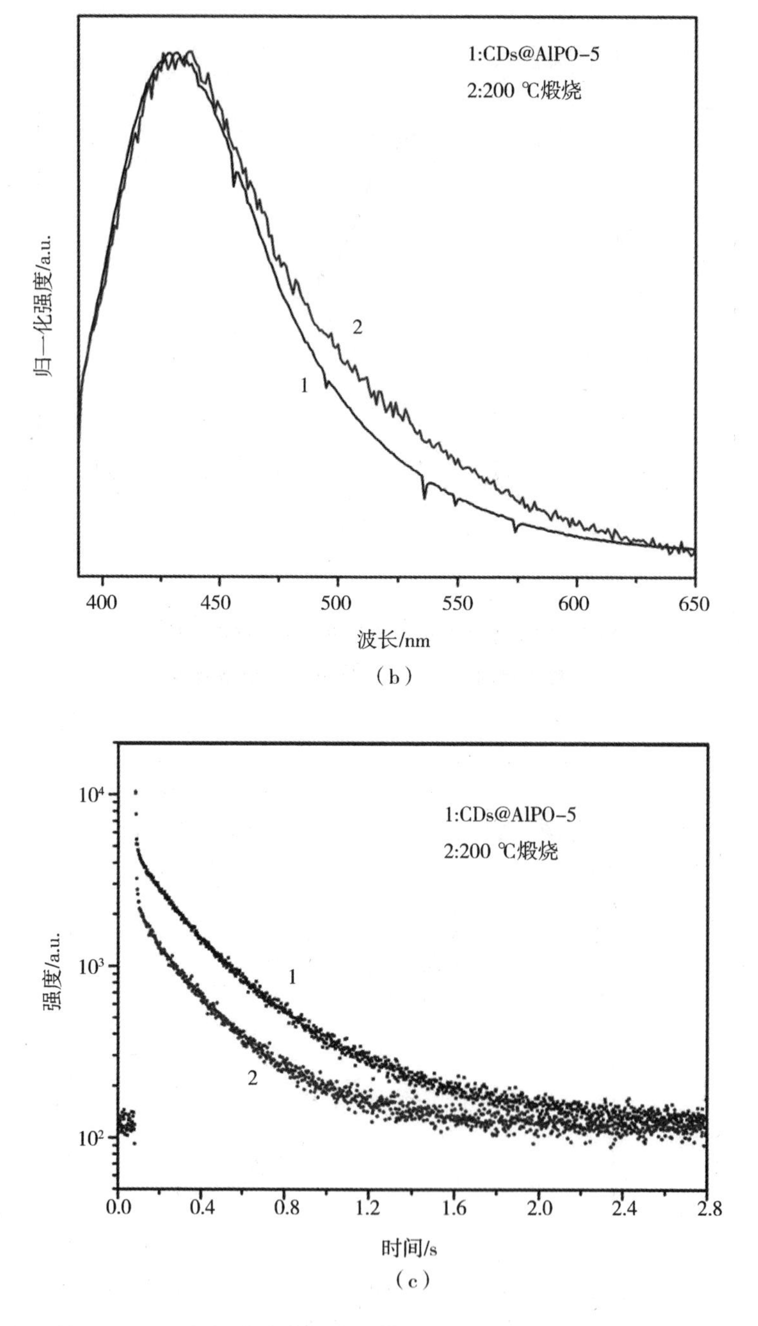

图 2-23 不同温度真空干燥后的 CDs@ AlPO-5 复合材料的

(a)荧光光谱,(b)延迟荧光光谱,(c)荧光寿命衰减谱图

表 2-4　不同温度真空干燥后的碳点@ AlPO-5 复合材料在室温下的发光现象、延迟寿命及荧光量子效率

性能	CDs@ AlPO-5	CDs@ AlPO-5 200 ℃煅烧	CDs@ AlPO-5 500 ℃煅烧
瞬态光谱/nm	430	430	430, 500
延迟光谱/nm	430	430	—
τ_{TADF}/ms	350	266	—
荧光量子效率/%	15.53	3.98	0.78

由此可以看出,有机模板剂的存在对复合材料的 TADF 性能起关键作用:模板剂分子可以与碳点表面的官能基团形成大量的氢键,从而有效抑制碳点发光官能基团的非辐射跃迁过程,保护三重激发态。稳定的三重激发态使经过反系间窜跃过程而实现的长寿命 TADF 发光成为可能。在 200 ℃真空干燥后,复合材料中部分模板剂被脱除,导致其稳定作用减弱,延迟荧光寿命变短,荧光量子效率也降低。500 ℃真空干燥后的样品中大量有机模板剂被脱除,同时,高温环境导致部分模板剂经过炭化生成了新的碳物种,因而,其荧光光谱发生了变化。

2.3.6　碳点@分子筛复合材料的双模式防伪应用示例

碳点@分子筛复合材料超长的热致延迟荧光寿命给延迟荧光材料的应用提供了更广泛的视角。这里,我们选择展示碳点@分子筛复合材料在双模式防伪领域中应用的示例。如图 2-24 所示,我们用荧光材料制造了一枝玫瑰的图样,其中花朵部分填充 CDs@2D-AlPO 复合材料,叶子部分填充苯偶酰染料。在 365 nm 紫外光激发下,花朵部分呈蓝色荧光,叶子部分呈绿色荧光;当紫外光激发停止后,叶子部分不再有荧光发出,只有花朵部分(CDs@2D-AlPO 材料)发出肉眼可见的超长寿命热致延迟荧光。这种防伪图样不但拥有不同荧光颜色的一重防伪模式,同时,在激发停止后,还开启了在时间尺度上(长寿命延迟荧光)的防伪模式。

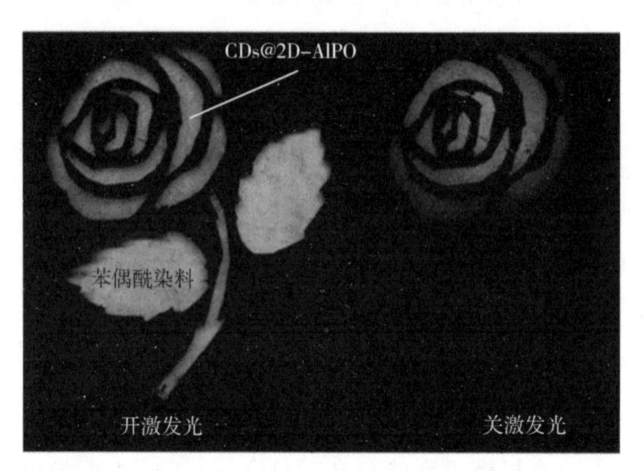

图 2-24 碳点@分子筛复合材料的双模式防伪应用示例

2.4 本章小结

我们成功开发了一种全新的“量子点于分子筛中”的合成策略，将碳点原位限域在分子筛晶体基质中，合成了一系列基于碳点的具有超长延迟荧光寿命的TADF材料。在水热/溶剂热条件下，原位生成的碳点被引入到不同的分子筛晶体材料之中，分子筛基质可以有效地稳定三重激发态并防止氧气对三重激发态的淬灭，使复合材料在室温空气条件下即可呈现超长的热致延迟荧光寿命。合成的碳点@分子筛复合材料展现出高达52.14%的荧光量子效率和长达350 ms的延迟荧光寿命，在防伪领域和高分辨生物成像领域都有潜在的应用价值。该方法也适用于其他的荧光纳米材料，纷繁多样的客体荧光材料和主体基质材料为衍生出更多具有长寿命TADF性质的材料并在多领域中应用提供了可能。

参考文献

[1]Z. An, C. Zheng, Y. Tao, et al. Stabilizing triplet excited states for ultralong organic phosphorescence[J]. Nature Materials, 2015, 14(7): 685-690.

[2]R. Gomez-Bombarelli, J. Aguilera-Iparraguirre, T. D. Hirzel, et al. Design of

efficient molecular organic light-emitting diodes by a high – throughput virtual screening and experimental approach[J]. Nature Materials, 2016, 15(10): 1120 – 1127.

[3]W. Zhao, Z. He, J. W. Y. Lam, et al. Rational molecular design for achieving persistent and efficient pure organic room-temperature phosphorescence [J]. Chem, 2016, 1(4): 592 – 602.

[4]S. Xu, R. Chen, C. Zheng, et al. Excited state modulation for organic afterglow: materials and applications[J]. Advanced Materials, 2016, 28(45): 9920 – 9940.

[5]H. Uoyama, K. Goushi, K. Shizu, et al. Highly efficient organic light-emitting diodes from delayed fluorescence[J]. Nature, 2012, 492(7428): 234 – 238.

[6]S. Hirata, Y. Sakai, K. Masui, et al. Highly efficient blue electroluminescence based on thermally activated delayed fluorescence[J]. Nature Materials, 2015, 14(3): 330 – 336.

[7]L. Bergmann, G. J. Hedley, T. Baumann, et al. Direct observation of intersystem crossing in a thermally activated delayed fluorescence copper complex in the solid state[J]. Science Advances, 2016, 2(1): e1500889.

[8]H. Nakanotani, T. Furukawa, K. Morimoto, et al. Long-range coupling of electron-hole pairs in spatially separated organic donor-acceptor layers[J]. Science Advances, 2016, 2(2): e1501470.

[9]Y. Tao, K. Yuan, T. Chen, et al. Thermally activated delayed fluorescence materials towards the breakthrough of organoelectronics[J]. Advanced Materials, 2014, 26(47): 7931 – 7958.

[10]V. Augusto, C. Baleizao, M. N. Berberan-Santos, et al. Oxygen-proof fluorescence temperature sensing with pristine C_{70} encapsulated in polymer nanoparticles[J]. Journal of Materials Chemistry, 2010, 20(6): 1192 – 1197.

[11]Q. Zhang, B. Li, S. Huang, et al. Efficient blue organic light-emitting diodes employing thermally activated delayed fluorescence[J]. Nature Photonics, 2014, 8(4): 326 – 332.

[12]D. G. Cuttell, S. M. Kuang, P. E. Fanwick, et al. Simple Cu(Ⅰ) comple-

xes with unprecedented excited-state lifetimes [J]. Journal of the American Chemical Society, 2002, 124(1): 6-7.

[13] S. Y. Lee, T. Yasuda, Y. S. Yang, et al. Luminous butterflies: efficient exciton harvesting by benzophenone derivatives for full-color delayed fluorescence OLEDs [J]. Angewandte Chemie International Edition, 2014, 53 (25): 6402-6406.

[14] Q. Zhang, J. Li, K. Shizu, et al. Design of efficient thermally activated delayed fluorescence materials for pure blue organic light emitting diodes [J]. Journal of the American Chemical Society, 2012, 134(36): 14706-14709.

[15] M. N. Berberan-Santos, J. M. M. Garcia. Unusually strong delayed fluorescence of C_{70} [J]. Journal of the American Chemical Society, 1996, 118(39): 9391-9394.

[16] Q. Zhang, H. Kuwabara, W. J. Potscavage, et al. Anthraquinone-based intramolecular charge-transfer compounds: computational molecular design, thermally activated delayed fluorescence, and highly efficient red electroluminescence [J]. Journal of the American Chemical Society, 2014, 136 (52): 18070-18081.

[17] H. Nakanotani, T. Higuchi, T. Furukawa, et al. High-efficiency organic light-emitting diodes with fluorescent emitters [J]. Nature communications, 2014, 5: 4016.

[18] Y. Gong, L. Zhao, Q. Peng, et al. Crystallization-induced dual emission from metal-and heavy atom-free aromatic acids and esters [J]. Chemical Science, 2015, 6(8): 4438-4444.

[19] S. Wang, X. Yan, Z. Cheng, et al. Highly efficient near-infrared delayed fluorescence organic light emitting diodes using a phenanthrene-based charge-transfer compound [J]. Angewandte Chemie International Edition, 2015, 54 (44): 13068-13072.

[20] G. Xie, X. Li, D. Chen, et al. Evaporation and solution-process-feasible highly efficient thianthrene-9,9′,10,10′-tetraoxide-based thermally activated delayed fluorescence emitters with reduced efficiency roll-off [J]. Advanced

Materials, 2016, 28(1): 181 -187.

[21]S. Y. Lim, W. Shen, Z. Gao. Carbon quantum dots and their applications [J]. Chemical Society Reviews, 2015, 44(1): 362 -381.

[22]S. N. Baker, G. A. Baker. Luminescent carbon nanodots: emergent nanolights [J]. Angewandte Chemie International Edition, 2010, 49 (38): 6726 -6744.

[23]L. Pan, S. Sun, A. Zhang, et al. Truly fluorescent excitation-dependent carbon dots and their applications in multicolor cellular imaging and multidimensional sensing[J]. Advanced Materials, 2015, 27(47): 7782 -7787.

[24]Y. Deng, D. Zhao, X. Chen, et al. Long lifetime pure organic phosphorescence based on water soluble carbon dots [J]. Chemical Communications, 2013, 49(51): 5751 -5753.

[25]K. Jiang, L. Zhang, J. Lu, et al. Triple-mode emission of carbon dots: applications for advanced anti-counterfeiting[J]. Angewandte Chemie International Edition in English, 2016, 55(25): 7231 -7235.

[26]X. Dong, L. Wei, Y. Su, et al. Efficient long lifetime room temperature phosphorescence of carbon dots in a potash alum matrix[J]. Journal of Materials Chemistry C, 2015, 3(12): 2798 -2801.

[27]J. Tan, R. Zou, J. Zhang, et al. Large-scale synthesis of N - doped carbon quantum dots and their phosphorescence properties in a polyurethane matrix [J]. Nanoscale, 2016, 8(8): 4742 -4747.

[28]J. Hou, L. Wang, P. Zhang, et al. Facile synthesis of carbon dots in an immiscible system with excitation-independent emission and thermally activated delayed fluorescence [J]. Chemical Communications, 2015, 51 (100): 17768 -17771.

[29]J. Yu, R. Xu. Rational approaches toward the design and synthesis of zeolitic inorganic open-framework materials [J]. Accounts of Chemical Research, 2010, 43(9): 1195 -1204.

[30]Z. Wang, J. Yu, R. Xu. Needs and trends in rational synthesis of zeolitic materials[J]. Chemical Society Reviews, 2012, 41(5): 1729 -1741.

[31]Y. Li, X. Li, J. Liu, et al. In silico prediction and screening of modular crystal structures via a high-throughput genomic approach[J]. Nature communications, 2015, 6: 8328.

[32]J. Li, A. Corma, J. Yu. Synthesis of new zeolite structures[J]. Chemical Society Reviews, 2015, 44(20): 7112 -7127.

[33]G. Feng, P. Cheng, W. Yan, et al. Accelerated crystallization of zeolites via hydroxyl free radicals[J]. Science, 2016, 351(6278): 1188 -1191.

[34]O. Fenwick, E. Coutino-Gonzalez, D. Grandjean, et al. Tuning the energetics and tailoring the optical properties of silver clusters confined in zeolites[J]. Nature Materials, 2016, 15(9): 1017 -1022.

[35]B. Kong, J. Tang, Y. Zhang, et al. Incorporation of well-dispersed sub-5-nm graphitic pencil nanodots into ordered mesoporous frameworks [J]. Nature Chemistry, 2016, 8(2): 171 -178.

[36]M. Guan, W. Wang, E. J. Henderson, et al. Assembling photoluminescent silicon nanocrystals into periodic mesoporous organosilica[J]. Journal of the American Chemical Society, 2012, 134(20): 8439 -8446.

[37]G. Lu, S. Li, Z. Guo, et al. Imparting functionality to a metal-organic framework material by controlled nanoparticle encapsulation[J]. Nature Chemistry, 2012, 4(4): 310 -316.

[38]S. Zhu, Q. Meng, L. Wang, et al. Highly photoluminescent carbon dots for multicolor patterning, sensors, and bioimaging[J]. Angewandte Chemie International Edition in English, 2013, 52(14): 3953 -3957.

[39]S. Oliver, A. Kuperman, A. Lough, et al. The synthesis and structure of two novel layered aluminophosphates containing interlamellar cyclohexylammonium [J]. Chemical Communications, 1996, (15): 1761 -1762.

[40]C. Liu, P. Zhang, F. Tian, et al. One-step synthesis of surface passivated carbon nanodots by microwave assisted pyrolysis for enhanced multicolor photoluminescence and bioimaging[J]. Journal of Materials Chemistry, 2011, 21 (35): 13163 -13167.

[41]H. Peng, J. Travas-Sejdic. Simple aqueous solution route to luminescent car-

bogenic dots from carbohydrates[J]. Chemistry of Materials, 2009, 21(23): 5563 - 5565.

[42] Y. Song, W. Shi, W. Chen, et al. Fluorescent carbon nanodots conjugated with folic acid for distinguishing folate-receptor-positive cancer cells from normal cells [J]. Journal of Materials Chemistry, 2012, 22 (25): 12568 - 12573.

[43] O. Bolton, K. Lee, H. J. Kim, et al. Activating efficient phosphorescence from purely organic materials by crystal design[J]. Nature Chemistry, 2011, 3 (3): 205 - 210.

[44] Q. Li, M. Zhou, Q. Yang, et al. Efficient room-temperature phosphorescence from nitrogen-doped carbon dots in composite matrices[J]. Chemistry of Materials, 2016, 28(22): 8221 - 8227.

[45] T. Itoh. The evidence showing that the intersystem crossing yield of benzaldehyde vapour is unity [J]. Chemical Physics Letters, 1988, 151 (1): 166 - 168.

[46] D. R. Kearns, W. A. Case. Investigation of singlet→triplet transitions by the phosphorescence excitation method. Ⅲ. aromatic ketones and aldehydes[J]. Journal of the American Chemical Society, 1966, 88(22): 5087 - 5097.

[47] J. Li, T. Nakagawa, J. Macdonald, et al. Highly efficient organic light-emitting diode based on a hidden thermally activated delayed fluorescence channel in a heptazine derivative [J]. Advanced Materials, 2013, 25 (24): 3319 - 3323.

第3章

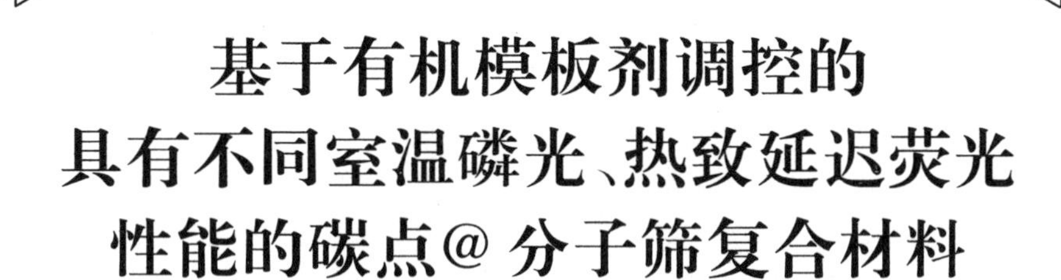

基于有机模板剂调控的具有不同室温磷光、热致延迟荧光性能的碳点@分子筛复合材料

3.1 引言

长余辉发光材料因其在光电、传感、生物成像等领域广阔的应用前景备倍受关注。[1-2]目前商品化的长余辉发光材料多集中在金属(如稀土及贵重金属)掺杂的无机盐体系。[3-5]该类材料合成成本高,生物毒性强,制备工艺复杂,在一定程度上限制了其多功能应用。近年来,基于有机发光材料的长余辉发光材料逐渐受到人们的关注,廉价、绿色、合成简单、稳定性好、性能优异的新型长余辉发光材料成了研究者研究的焦点。然而,因有机分子的激发态一般较为活跃,多种辐射跃迁、非辐射跃迁、能量传递等过程并存,故实现室温空气条件下的有机长余辉发光仍具有较大的挑战性。[6]

目前报道的有机长余辉发光材料主要分为室温磷光材料和延迟荧光材料。磷光材料是基于三重激发态发光的,制备长寿命室温磷光材料的关键是通过增强系间窜跃过程来有效活化三重态激子,同时抑制非辐射跃迁过程。随着研究的深入,高分子聚集[7]、晶化诱导[8-9]、卤素引入[10]、主客体材料复合[11,12]、H聚集体[13]等策略相继被开发出来。近年来,基于反系间窜跃过程的热致延迟荧光材料成了新的焦点,由于材料的单重态-三重态能级差(ΔE_{ST})小,在环境热作用下,电子能够从T_1态经过反系间窜跃过程返回S_1态而发光,从而完成延迟荧光过程。[14-15]较高的能量利用率使热致延迟荧光材料成了新一代的有机光电材料。不同的有机分子结构、构型对材料的能态起到至关重要的作用,发光能态的调控会影响材料的发光现象。

虽然两种材料的发光过程有所差别,但对三重激发态的高效利用是开发长寿命、高量子效率的有机室温磷光材料和延迟荧光材料的关键。分子筛晶体材料刚性的骨架结构和规则的纳米孔道可以作为一种理想的主体材料来稳定三重激发态。[16-18]在第2章中,我们开发了“量子点于分子筛中”的合成策略,合成的碳点@分子筛复合材料具有独特的超长寿命TADF发光现象。[19]其中的发光客体碳点是一类具有荧光性质的纳米碳颗粒。随着研究的发展,组成和结构多种多样的碳点被相继报道出来,对其发光性能的调控一直是人们关注的焦点。[20-24]在溶剂热合成体系中,分子筛晶化所需的有机胺和醇溶剂同时也为碳点的合成提供了原料,合成体系中多变的有机胺和溶剂环境为合成不同发光性能的碳点提供了广阔的空间。同时,分子筛的纳米空间限域作用可以有效地稳定碳点三重激发态,这为合成具有不同长余辉发光性能(室温磷光与热致延迟荧光)的碳点@分子筛复合材料提供了可能。

这里,我们使用原位合成的方法,通过调变不同的有机模板剂,开发了两种碳点@分子筛复合材料(简称为碳点@SBT),两种材料在室温空气环境下展现出不同的长余辉发光行为,分别为室温磷光和热致延迟荧光。合成过程中,我们通过分别引入N-(2-氨基乙基)吗啉和4,7,10-三氧-1,13-十三烷二胺为有机模板剂,合成了具有相同的SBT拓扑结构的锌掺杂磷酸铝分子筛材料作为主体无机骨架材料,然而,不同的有机模板剂改变了原位生成的碳点的结构与组成,进而影响了其发光能态。原位合成的两种碳点@SBT复合材料具有不同的单重态-三重态能级差(ΔE_{ST})(分别为0.36 eV及0.18 eV)。由于复合材料中碳点的三重激发态被分子筛基质材料很好地稳定和保护,ΔE_{ST}不同导致了电子在室温下具有不同的跃迁过程,ΔE_{ST}较大的CDs@SBT-1复合材料主要呈现磷光性质;ΔE_{ST}较小的CDs@SBT-2复合材料中电子在室温热能活化作用下可以实现反系间窜跃过程,复合材料展现出热致延迟荧光现象。

3.2 实验部分

3.2.1 实验试剂

所用试剂为市售的分析纯试剂。磷酸(H_3PO_4, 85 wt%),异丙醇铝[$Al(OPr^i)_3$, ≥98 wt%],4,7,10-三氧-1,13-十三烷二胺(TTDDA, 97 wt%),N-(2-氨基乙基)吗啉($C_6H_{14}N_2O$, ≥98 wt%),六水合硝酸锌[$Zn(NO_3)_2\cdot 6(H_2O)$],乙二醇(EG),高纯水为Milli-Q净化而得。

3.2.2 合成方法

两种碳点@SBT复合材料是在溶剂热条件下分别以N-(2-氨基乙基)吗啉和4,7,10-三氧-1,13-十三烷二胺为有机模板剂合成的(分别命名为CDs

@ SBT－1、CDs@ SBT－2）。两种材料的合成方法相同，先将 0.074 g 研磨好的异丙醇铝分散于 8 mL 乙二醇、1 mL 水和 0.19 mL 磷酸混合溶液中，待异丙醇铝完全水解后，将 0.5 mL N－(2－氨基乙基)吗啉或 0.6 mL 4,7,10－三氧－1,13－十三烷二胺加入反应溶液中，搅拌均匀后加入 0.074 g $Zn(NO_3)_2 \cdot 6(H_2O)$，保持搅拌使其分散均匀。而后，将反应溶液转移至聚四氟乙烯内衬的反应釜中，放入 170 ℃烘箱使其晶化 7 d。反应所得晶体产物用高纯水反复洗涤，放置于室温下过夜干燥。

3.3　实验结果与讨论

3.3.1　碳点@SBT 复合材料的合成与结构表征

CDs@ SBT－1、CDs@ SBT－2 复合材料是在溶剂热条件下分别以 N－(2－氨基乙基)吗啉和 4,7,10－三氧－1,13－十三烷二胺为有机模板剂合成的。扫描电子显微镜照片显示，合成的 CDs@ SBT－1、CDs@ SBT－2 复合材料均呈现如图 3－1 所示的形貌。粉末 X 射线衍射结果显示，实验测得的 CDs@ SBT－1、CDs@ SBT－2 复合材料谱图与 SBT 结构模拟的 XRD 谱图衍射峰位基本一致，这表明所合成的两个材料为纯相，具有 SBT 拓扑结构（如图 3－2 所示）。电感耦合等离子体测试结果显示，在 CDs@ SBT－1 中 Al∶Zn 为 1∶0.8，CDs@ SBT－2 中 Al∶Zn 为 1∶0.7，这表明 CDs@ SBT－1 与 CDs@ SBT－2 复合材料中分子筛材料的组成基本相似。

(a)

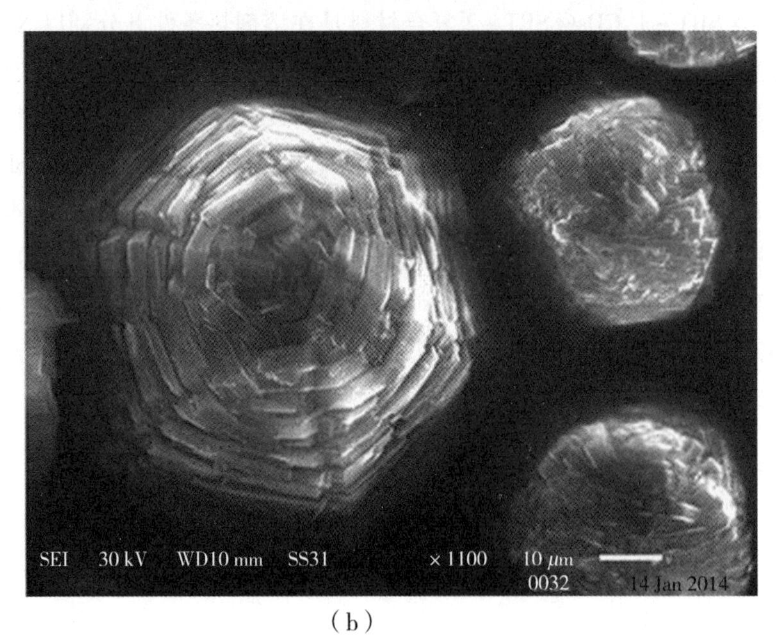

(b)

图 3-1 (a) CDs@SBT-1、(b) CDs@SBT-2 复合材料的 SEM 照片

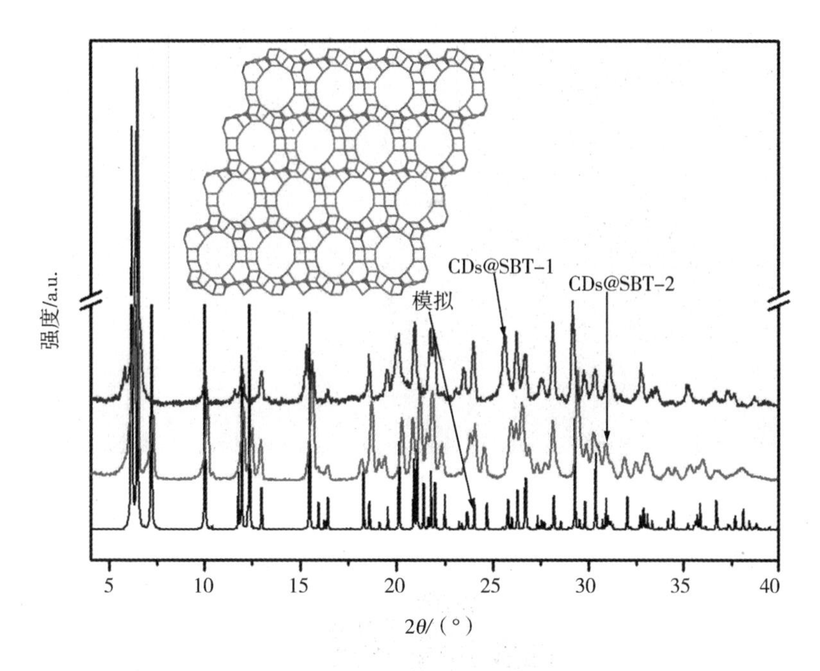

图3－2　CDs@ SBT－1、CDs@ SBT－2 复合材料的 XRD 谱图及 SBT 拓扑结构模拟 XRD 谱图

为了进一步了解复合材料的结构，我们对 CDs@ SBT－1 和 CDs@ SBT－2 复合材料进行了透射电子显微镜表征。对于 CDs@ SBT－1 复合材料，TEM 数据表明在分子筛主体材料中嵌入了均匀分散的碳点［如图 3－3(a)所示］，通过统计 50 个碳点的直径，得出其平均直径为 3.0 nm［如图 3－3(b)所示］。从高分辨透射电子显微镜照片中可以看出碳点的晶格间距为 0.21 nm［如图 3－3(a)中插图所示］，这与石墨烯的(100)晶面相近。[25] 对于 CDs@ SBT－2 复合材料，在相同的分子筛主体骨架材料中镶嵌了均匀分散的碳点［如图 3－4(a)所示］，统计 50 个碳点的直径可得其平均直径为 2.9 nm［如图 3－4(b)所示］。从 HRTEM 照片中同样可以看出碳点具有0.21 nm 的晶格间距［如图 3－4(a)中插图所示］。

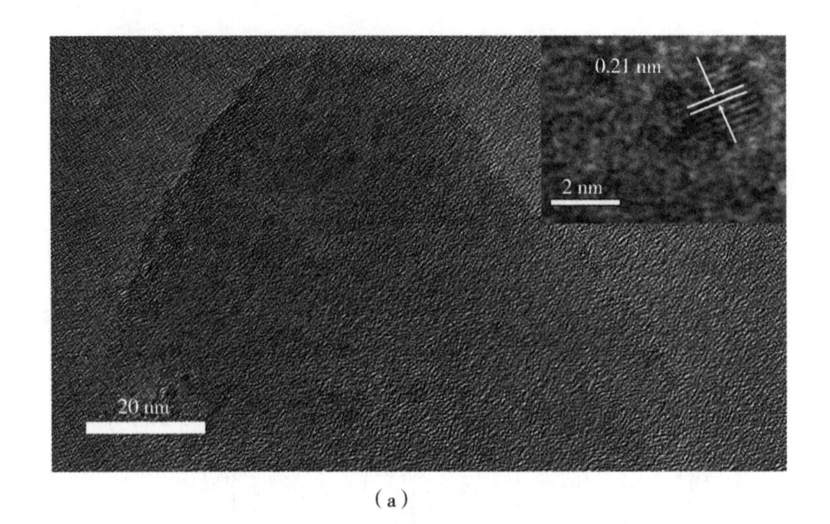

(a)

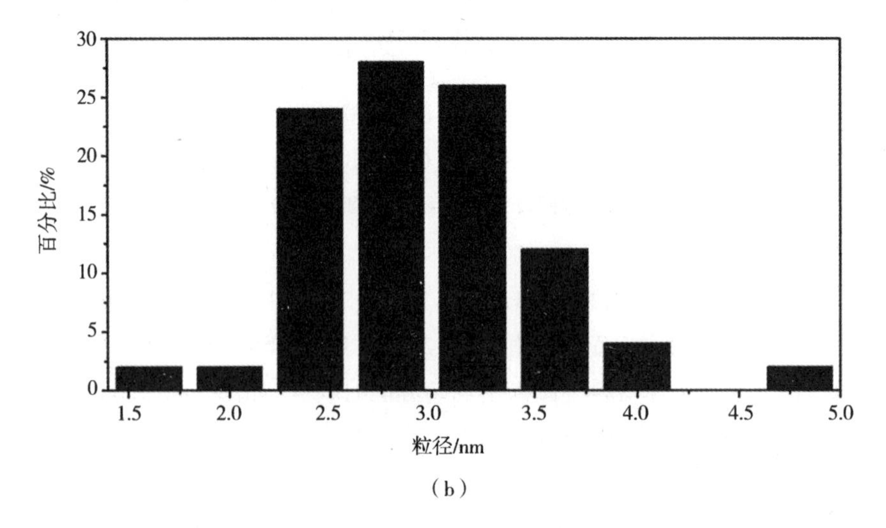

(b)

图3-3 (a)CDs@SBT-1复合材料的TEM照片(插图为一个代表性的碳点的HRTEM照片);(b)碳点粒径分布图

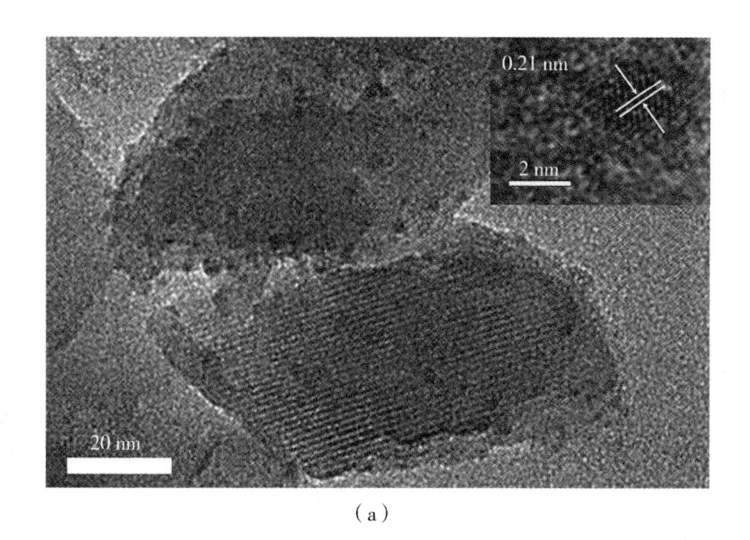

（a）

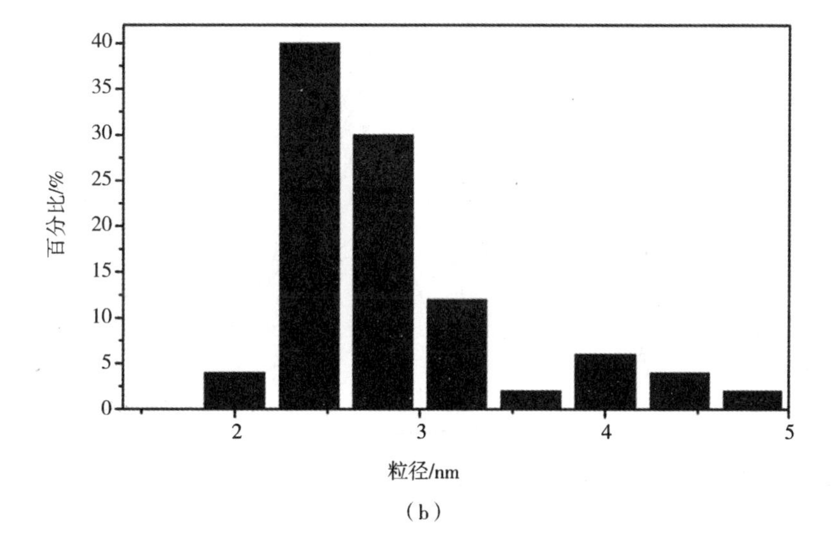

（b）

图 3－4　（a）CDs@ SBT－2 复合材料的 TEM 照片（插图为一个代表性的碳点的 HRTEM 照片）；（b）碳点粒径分布图

综上，我们在溶剂热条件下合成了 CDs@ SBT－1、CDs@ SBT－2 两例复合材料，它们以相同骨架结构的分子筛作为无机主体材料，同时，通过原位合成的方法，碳点被镶嵌于分子筛晶体材料内部，形成了碳点@ 分子筛复合材料。两种材料中碳点的平均直径并没有太大差别。

3.3.2 碳点@SBT 复合材料的荧光性质

CDs@SBT－1 及 CDs@SBT－2 复合材料均可以展现出激发波长依赖的荧光发光行为，这是碳点典型的发光行为（如图 3－5 所示）。CDs@SBT－1 复合材料在 370 nm 紫外光激发下在 453 nm 处显示出最强发射；CDs@SBT－2 复合材料在 350 nm 紫外光激发下在 425 nm 处显示出最强发射，用 370 nm 紫外光激发可以得到 440 nm 处的较强发射，为了方便比较，下面的长余辉发光性能测试统一选取 370 nm 作为激发光源的波长。

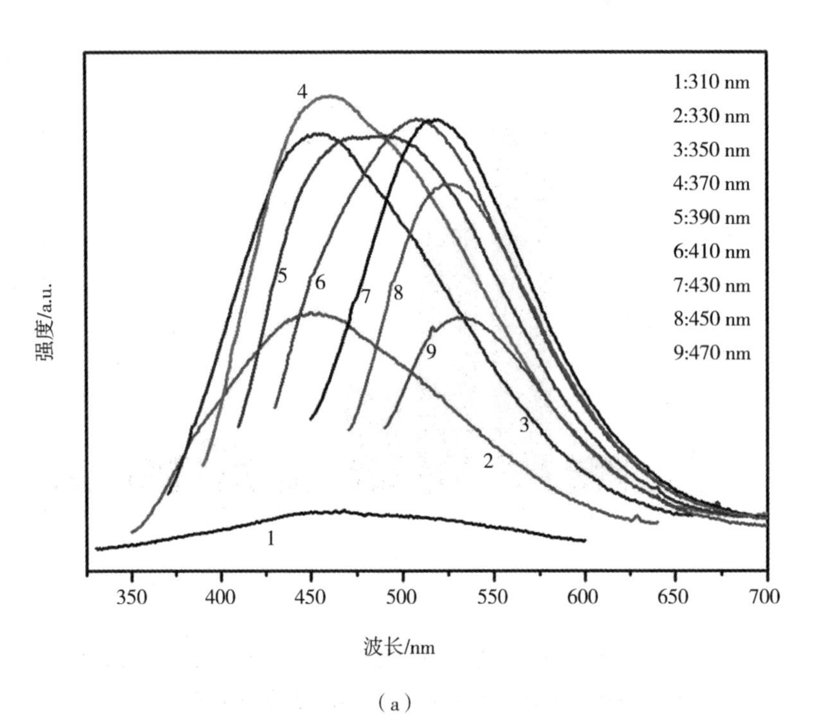

（a）

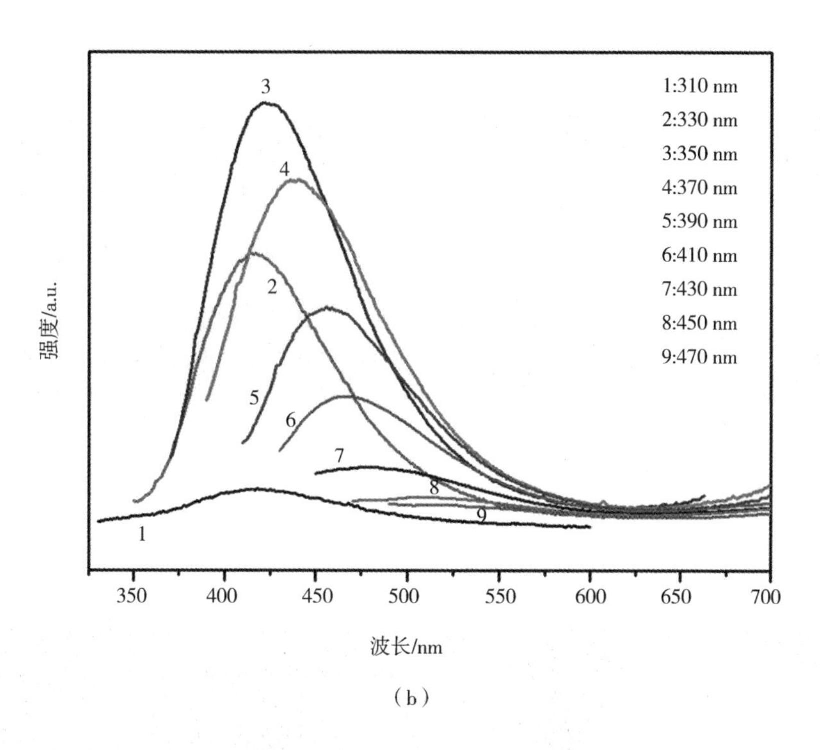

(b)

图 3-5 不同波长的光激发下(a)CDs@SBT-1、(b)CDs@SBT-2 复合材料的荧光光谱

3.3.3 碳点@SBT 复合材料的室温磷光/热致延迟荧光性能

如图 3-6 所示,CDs@SBT-1 和 CDs@SBT-2 复合材料在紫外光激发下均可呈现蓝色荧光,当激发停止后,CDs@SBT-1 复合材料呈现肉眼可见的绿色长余辉发光;而 CDs@SBT-2 复合材料则呈现肉眼可见的蓝色长余辉发光。图 3-7 展示了 CDs@SBT-1 复合材料在室温空气环境中 370 nm 紫外光激发下的荧光光谱和余辉光谱。在 370 nm 光激发下,CDs@SBT-1 复合材料荧光发光中心在 453 nm 左右;当紫外光激发停止后,复合材料在 525 nm 处展现了很强的余辉发光,同时,453 nm 处也有肩峰出现,我们推断 525 nm 处为室温磷光,453 nm 处为少量的热致延迟荧光[如图 3-7(a)所示],此部分会在下面详述。在室温下,525 nm 处的荧光寿命衰减图谱显示,其寿命为 574 ms,如图 3-

7(b)所示。

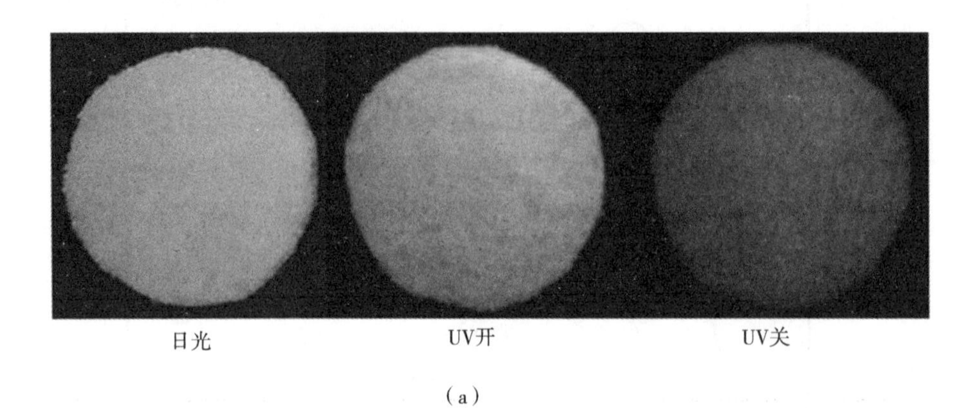

(a)

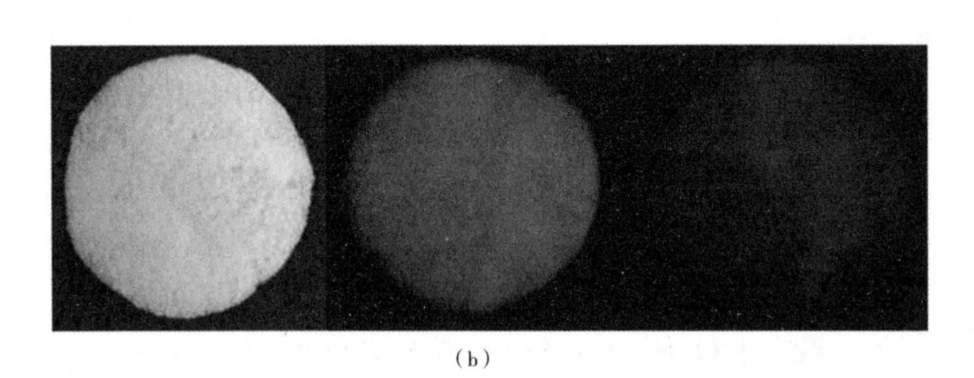

(b)

图 3-6 (a)CDs@SBT-1、(b)CDs@SBT-2 复合材料在日光、365 nm 光激发下以及激发停止后的照片

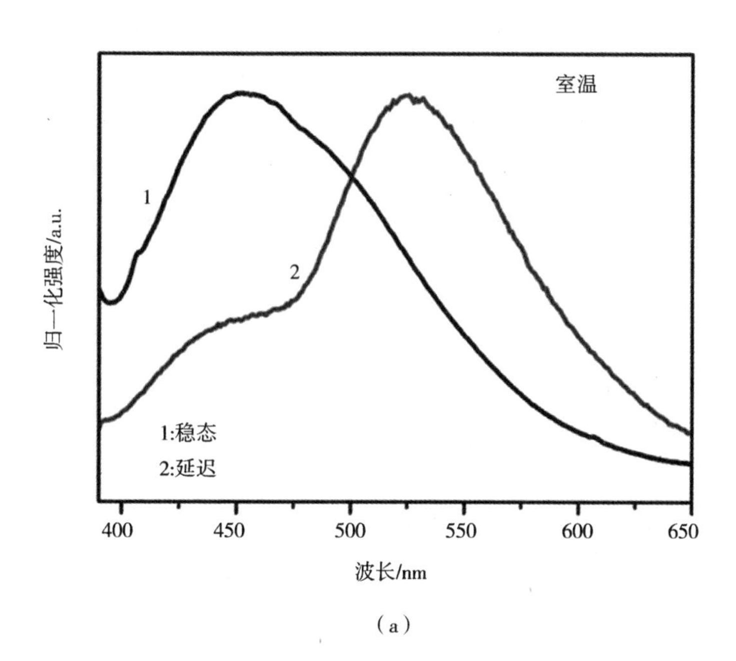

(a)

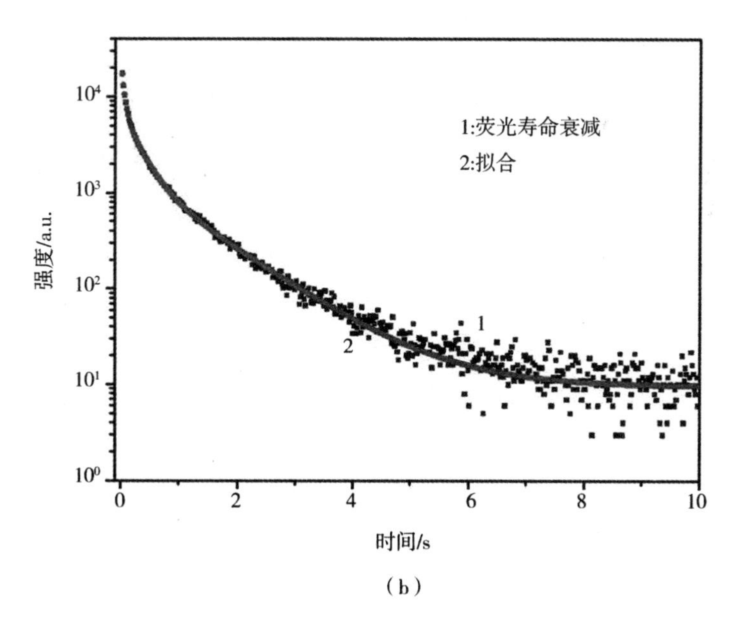

(b)

图3-7 (a)CDs@SBT-1复合材料在室温370 nm激发下的稳态光谱(1)和余辉发光光谱(2);(b)525 nm处的荧光寿命衰减图谱

图3－8展示了CDs@SBT－2复合材料在室温空气环境中370 nm紫外光激发下的荧光光谱和余辉光谱。在370 nm紫外光激发下，CDs@SBT－2复合材料荧光发光中心在440 nm左右；当紫外光激发停止后，复合材料的余辉发光依旧在440 nm处，我们推断其为热致延迟荧光[如图3－8(a)所示]，此部分会在下面详述。在室温下，440 nm处的荧光寿命衰减图谱显示，其长寿命为153 ms，如图3－8(b)所示。

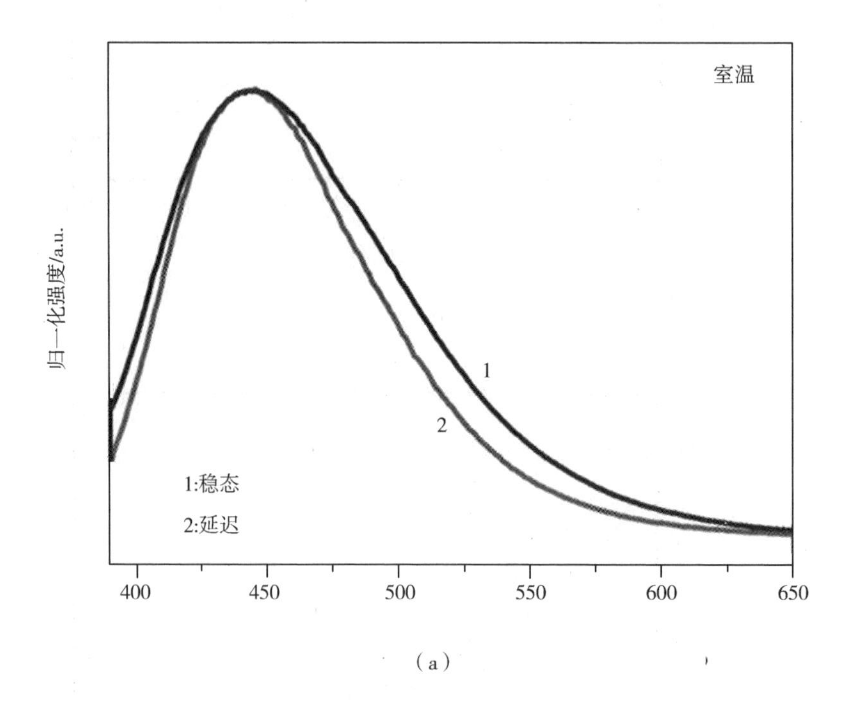

(a)

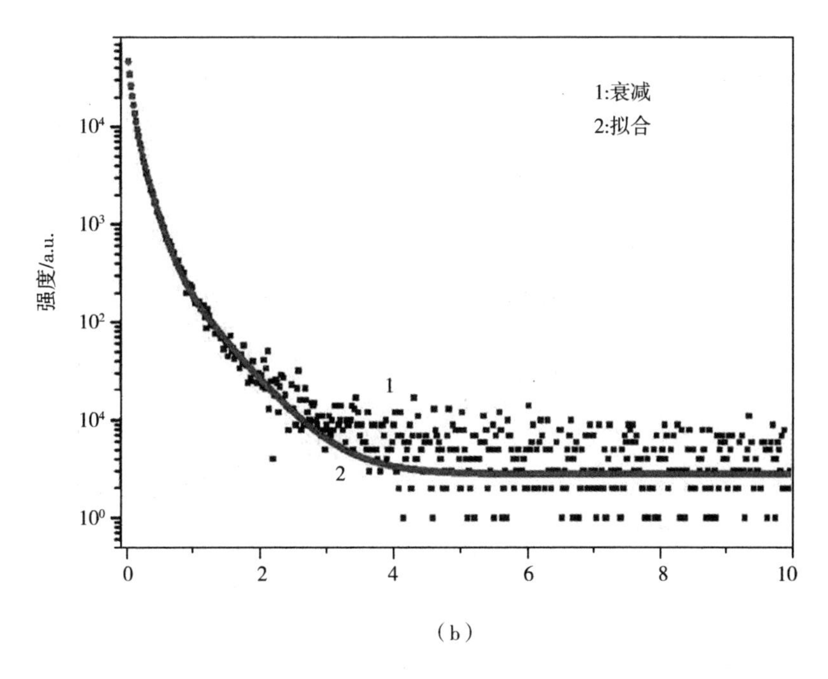

(b)

图3-8　(a)CDs@SBT-2复合材料在室温370 nm紫外光激发下的稳态光谱(1)和余辉发光光谱(2);(b)440 nm处的荧光寿命衰减图谱

为进一步证实CDs@SBT-1和CDs@SBT-2复合材料不同的余辉发光行为分别为室温磷光和热致延迟荧光,我们对样品进行了变温荧光寿命衰减测试(如图3-9所示)。对于CDs@SBT-1复合材料,当温度从100 K逐渐升高到300 K的过程中,其525 nm处发光的寿命逐渐变短,长寿命组分逐渐减少,说明该处的长余辉发光是磷光,随着温度的升高,分子逐渐被活化,非辐射跃迁过程增强,故其长寿命三重态比例减小,寿命变短。对于CDs@SBT-2复合材料,当温度从100 K逐渐升高到300 K的过程中,440 nm处发光的长寿命组分的比例逐渐增大,这说明该延迟荧光是可以被热激活的,是典型的热致延迟荧光材料的特点。[14,26]由此可以判断,CDs@SBT-1复合材料的余辉发光主要为室温磷光,CDs@SBT-2复合材料的余辉发光主要为热致延迟荧光。

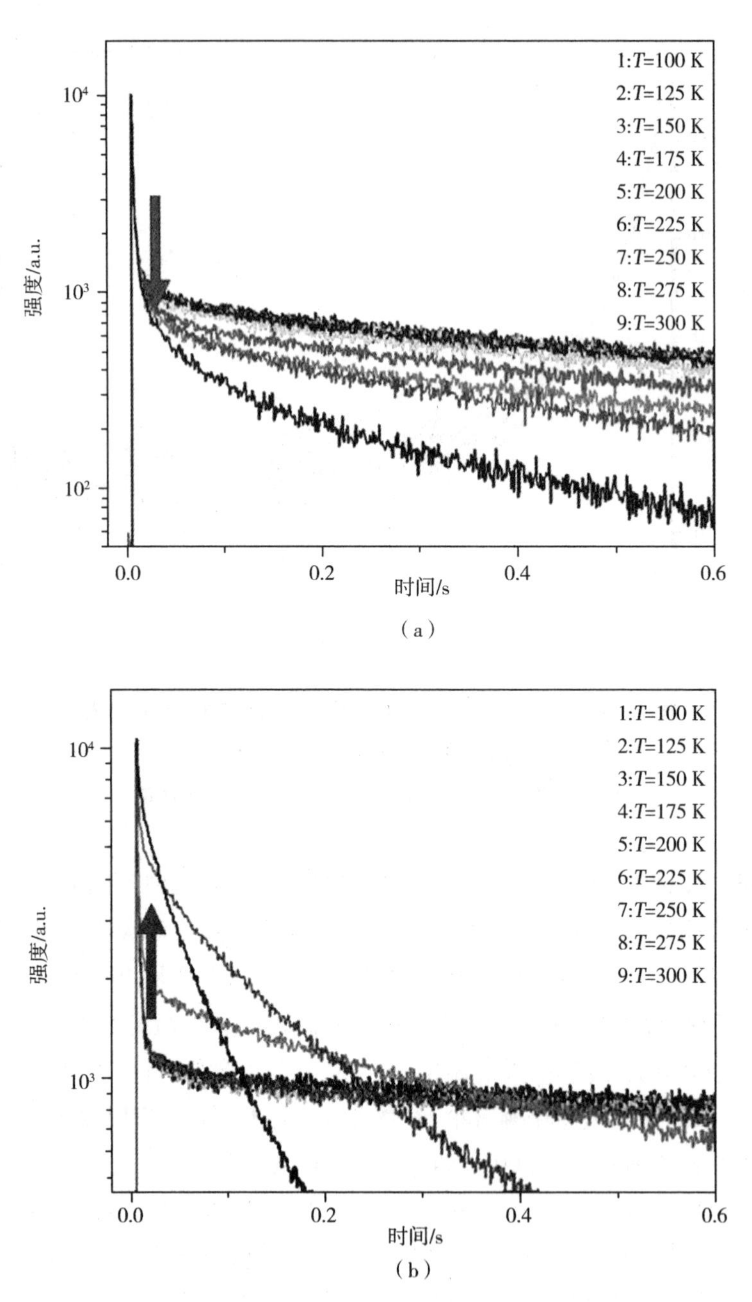

（a）

（b）

图 3-9 (a)CDs@SBT-1 复合材料 525 nm 处发光，
(b)CDs@SBT-2 复合材料 440 nm 处发光的变温荧光寿命衰减图谱

此外,需要说明的是,CDs@ SBT - 1 复合材料的延迟光谱[如图 3 - 7(a)所示]显示,在 453 nm 处也有肩峰出现,我们推断 453 nm 处的延迟发光为少量的热致延迟荧光,其寿命为 117 ms(如图 3 - 10 所示)。CDs@ SBT - 1 复合材料 453 nm 处发光的变温荧光寿命衰减图谱(如图 3 - 11 所示)显示,当温度从 100 K 逐渐升高到 325 K 的过程中,453 nm 处发光的长寿命组分的比例逐渐增大,这说明该位置为热致延迟荧光。故 CDs@ SBT - 1 复合材料的延迟光谱以磷光为主,同时存在少量的 TADF 发光现象。

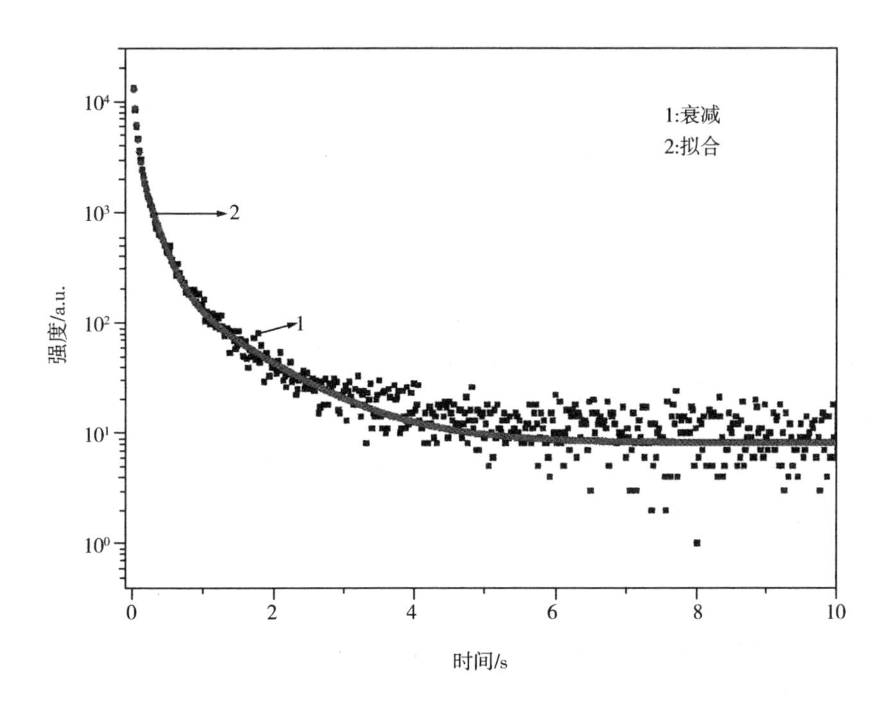

图 3 - 10　CDs@ SBT - 1 复合材料 453 nm 处发光的荧光寿命衰减图谱

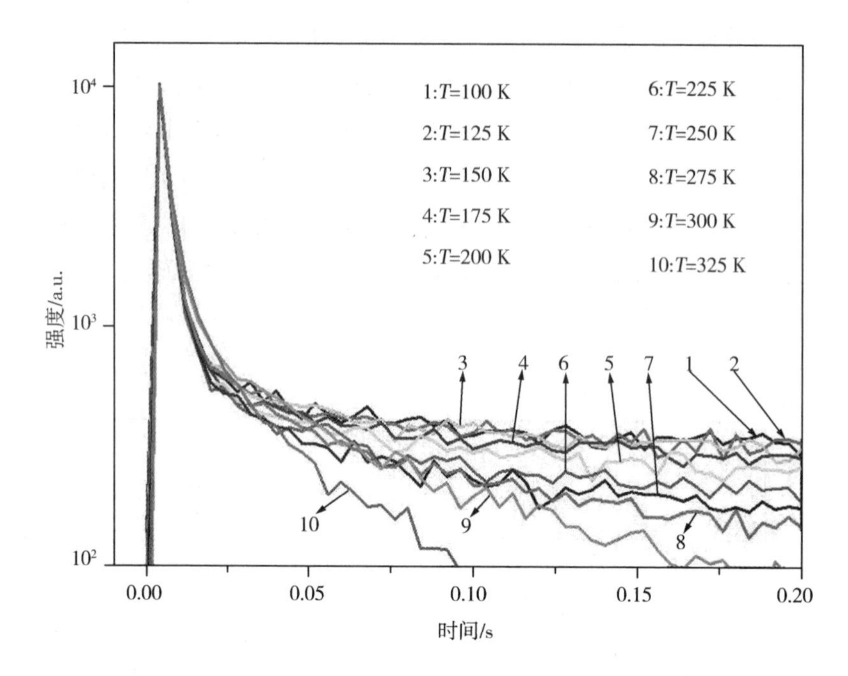

图 3-11 CDs@ SBT-1 复合材料 453 nm 处发光的变温荧光寿命衰减图谱

此外,变温延迟荧光光谱进一步证实了两种发光现象。当温度从 100 K 升高到 300 K 时,CDs@ SBT-1 材料的长寿命发光位置始终位于 525 nm 处,这说明该发光不随温度的变化而变化,符合 T_1 态的发光行为的特点,故为磷光[如图 3-12(a)所示]。当温度从 100 K 到 225 K 时,CDs@ SBT-2 的余辉发光中心位于 470 nm 处,这对应 T_1 态的发光。然而,当温度升高到 300 K 时,余辉发光位置变化到 440 nm,这对应 S_1 态的发光位置,即延迟荧光的发光位置。这表明 CDs@ SBT-2 材料的长寿命发光位置是随温度的变化而变化的,在温度升高过程中,环境的热能促进反系间窜跃过程,从而展现出热致延迟荧光的发光性能[如图 3-12(b)所示]。所以,CDs@ SBT-1 和 CDs@ SBT-2 复合材料主要的余辉发光可以分别归因于 RTP 和 TADF。

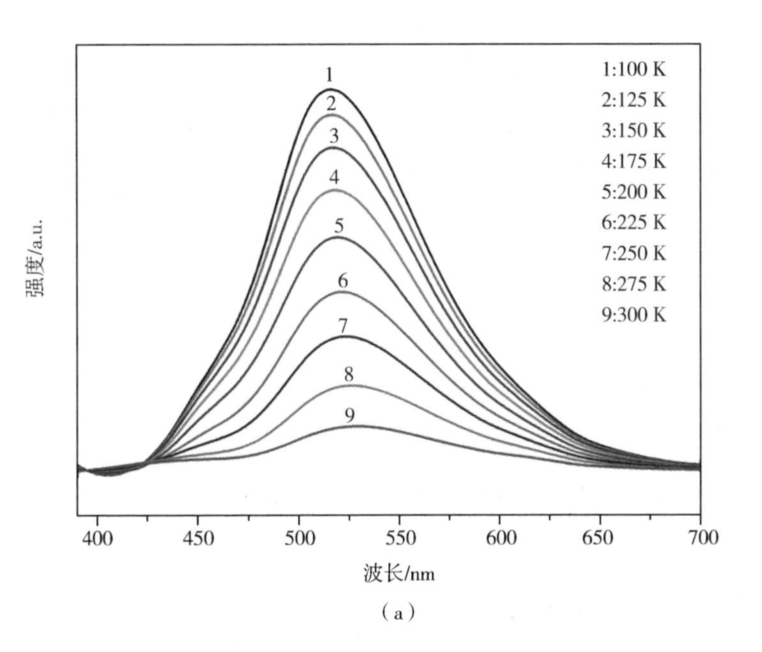

(a)

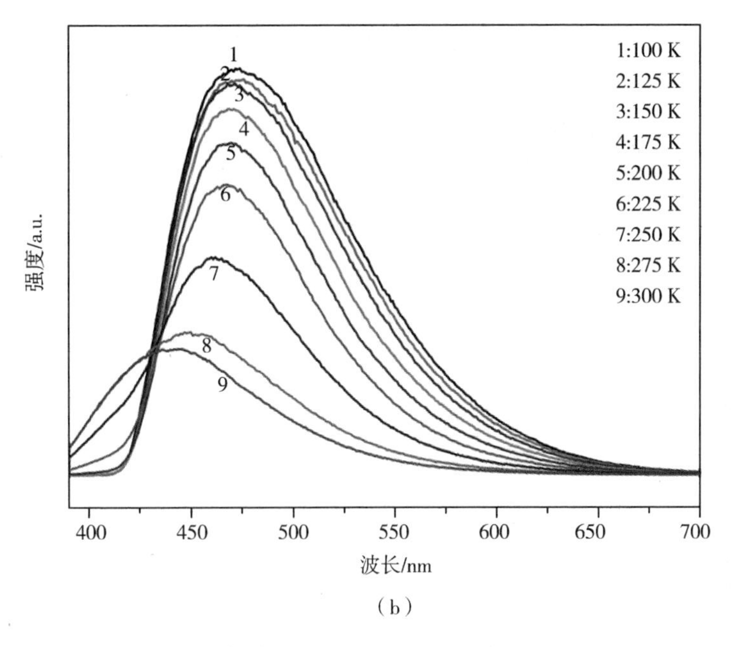

(b)

图3-12　不同温度下(a)CDs@SBT-1、(b)CDs@SBT-2复合材料的延迟荧光光谱

此外,CDs@ SBT – 1 表现出不依赖激发波长的磷光行为,长寿命发光中心基本不变,集中于 525 nm 处;而 CDs@ SBT – 2 展现出依赖激发波长的延迟荧光行为,当激发波长从 330 nm 增加到 400 nm 时,其发射波长从 435 nm 红移到 470 nm(如图 3 – 13 所示)。

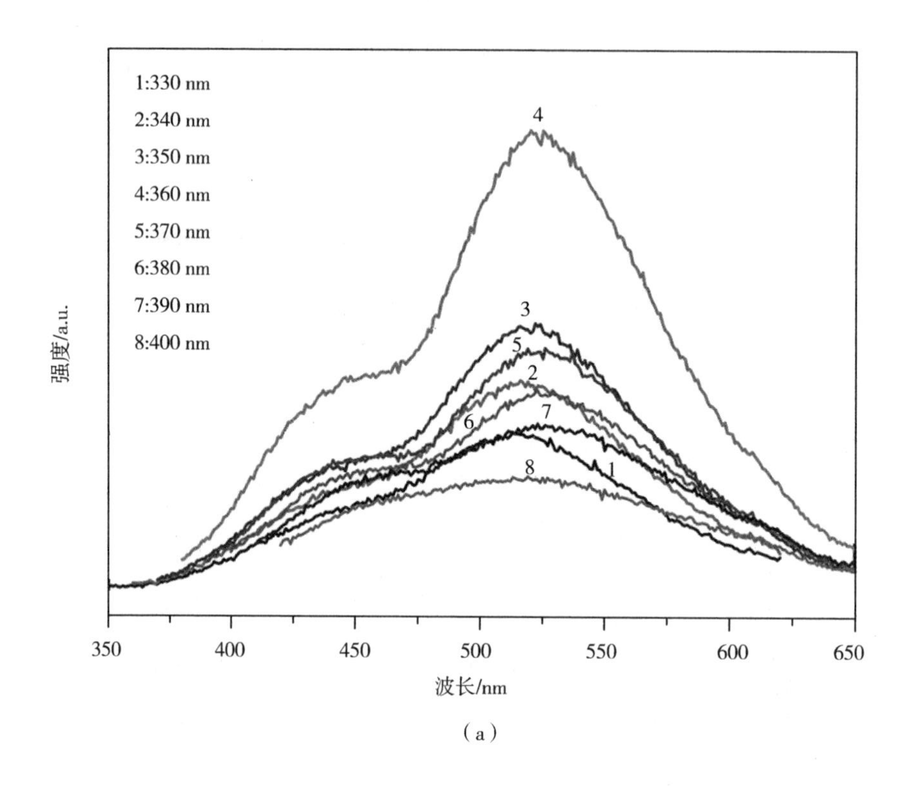

(a)

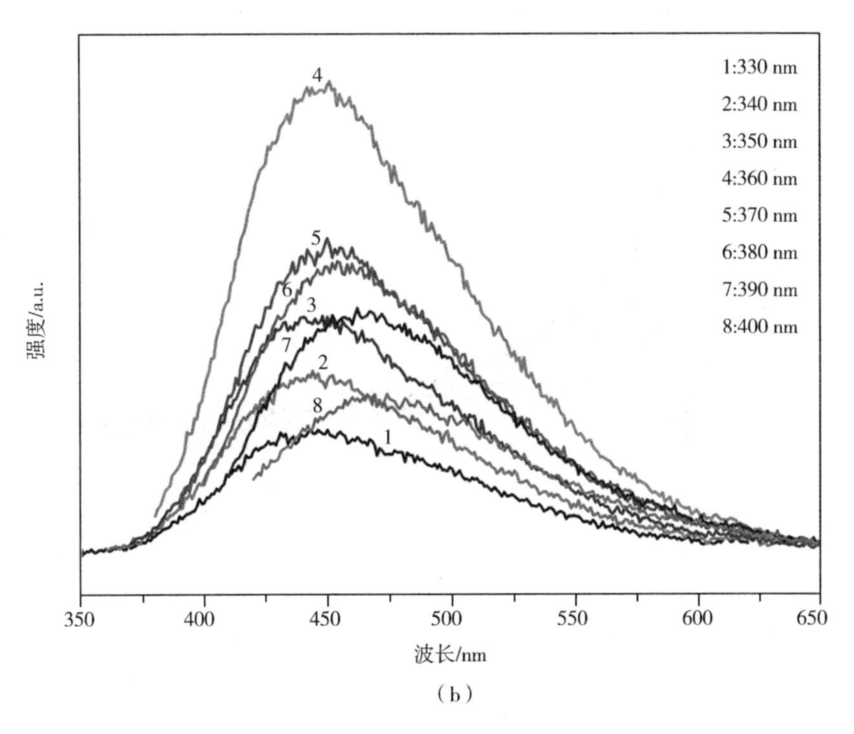

图3-13 不同激发下(a)CDs@ SBT-1,(b)CDs@ SBT-2
复合材料的延迟荧光光谱

另外,除了选择不同的有机模板剂,其他合成因素,如选择不同的溶剂,也会影响所得到的碳点基复合材料的性能。例如,当我们改变乙二醇和 H_2O 的比例(9:0, 5:4, 3:6)时,所合成的 CDs@ SBT 复合材料具有类似的 RTP 或 TADF 性能,但是复合材料的余辉寿命随水比例的升高而缩短(如图3-14 所示)。

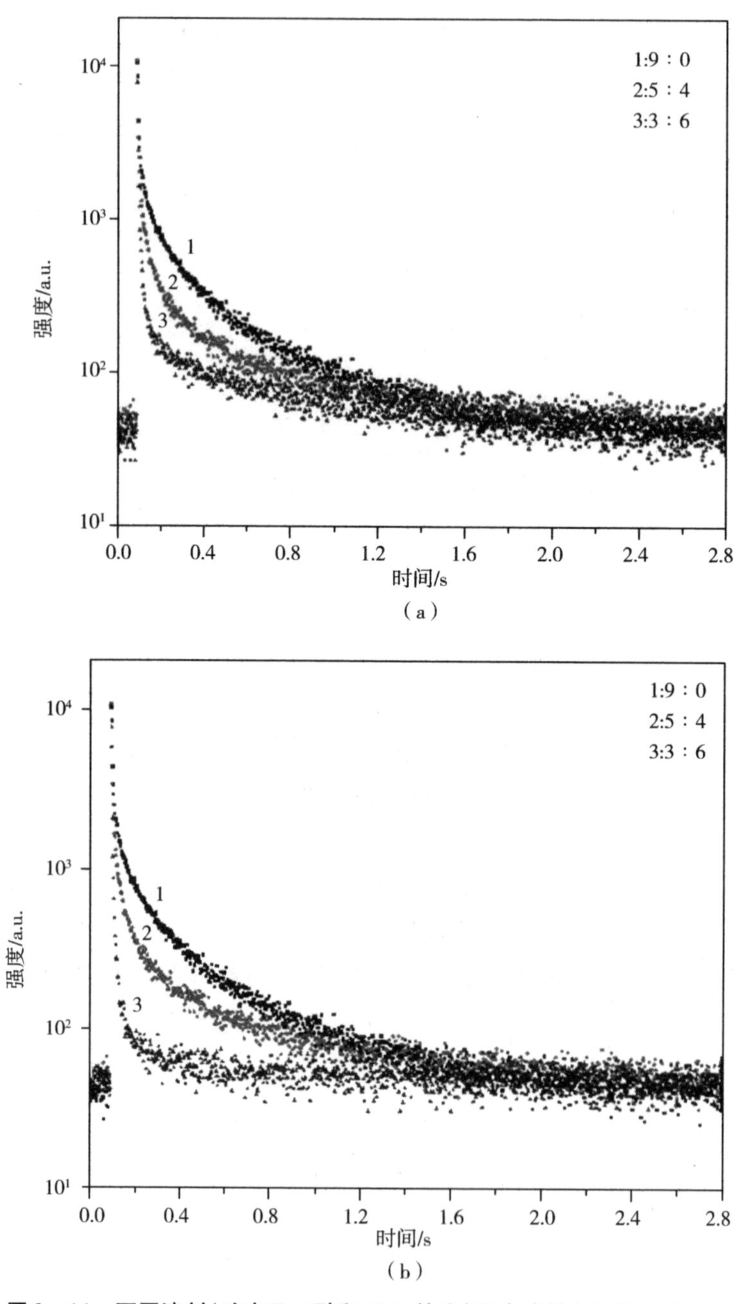

图3-14 不同溶剂(改变乙二醇和H_2O的比例)合成的(a)CDs@SBT-1复合材料、(b)CDs@SBT-2复合材料的荧光寿命衰减图谱

进一步,我们研究了 CDs@ SBT－1 和 CDs@ SBT－2 复合材料的 S_1 激发态和 T_1 激发态间的能级差(ΔE_{ST})(如图 3－15 所示):CDs@ SBT－1 在 77 K 下的余辉发光光谱的发光中心在 520 nm 处。由于在 77 K 温度下,其余辉发光可以认为是材料 T_1 态的发光,从而可得其 T_1 态能量为 2.38 eV。相比于在 77 K 下稳态荧光光谱在 453 nm 处的发光(认为主要是 S_1 态发光,其 S_1 为 2.74 eV),我们可以得出,CDs@ SBT－1 复合材料的 ΔE_{ST} 为 0.36 eV。同样的方法,CDs@ SBT－2 在 77 K 下的余辉发光光谱的发光中心在 470 nm 处,从而可得其 T_1 为 2.64 eV。相比于在 77 K 下稳态荧光光谱在 440 nm 处的发光,S_1 态能量为 2.82 eV,我们可得出 CDs@ SBT－2 复合材料的 ΔE_{ST} 为 0.18 eV。由此我们推断,材料不同的 ΔE_{ST} 值是实现不同发光现象的关键。由于分子筛骨架可以很好地限域碳点表面的官能基团,从而极大程度上稳定三重激发态,当 ΔE_{ST} 较大(CDs@ SBT－1 复合材料)时,反系间窜跃过程较难达成,材料主要显现三重态的磷光和少量热致延迟荧光;当 ΔE_{ST} 足够小(CDs@ SBT－2 复合材料)时,室温下环境热能可使电子完成从 T_1 态到 S_1 态的反系间窜跃过程,材料主要显现单重态的热致延迟荧光。

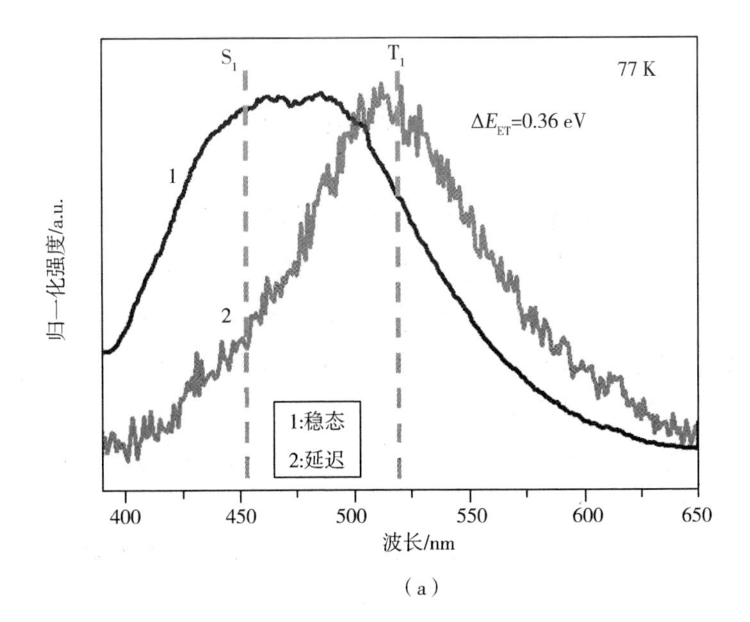

(a)

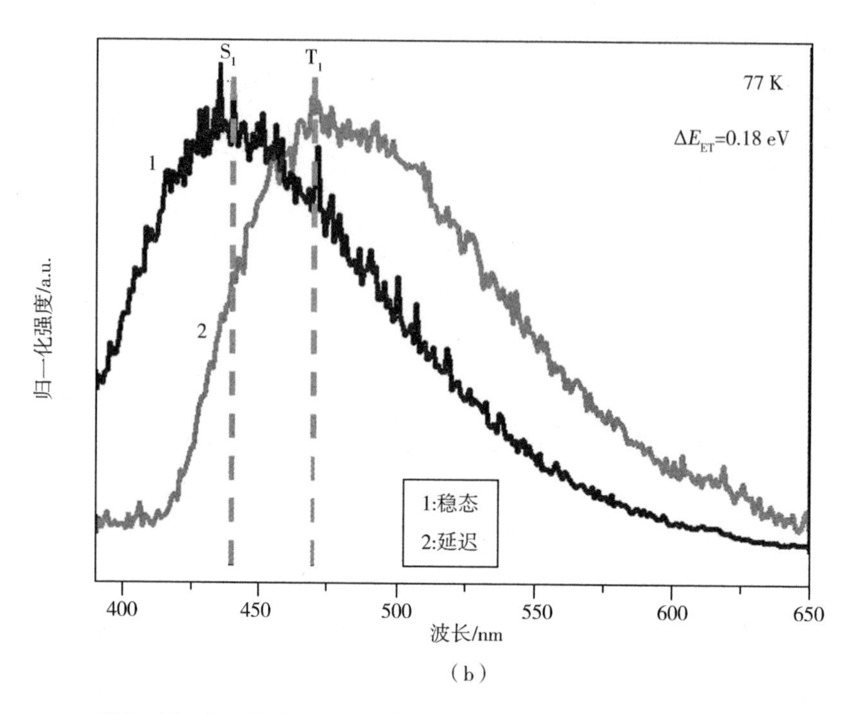

(b)

图3-15 (a)CDs@SBT-1、(b)CDs@SBT-2 **复合材料在**77 K **下**370 nm **激发的稳态光谱**(1)**和余辉发光光谱**(2)

3.3.4 碳点@SBT复合材料的母液中碳点的表征

为进一步表征 ΔE_{ST}差别的来源,我们对材料合成母液中的碳点进行了表征。首先,为排除母液中未反应的有机胺和溶剂对光谱的影响,我们使用透析袋对母液中碳点进行了提纯,选用截留相对分子质量为500的透析袋,用水进行多次透析。经透析提纯后的碳点分散在水溶液中。对CDs@SBT-1复合材料透析母液后所得碳点进行了TEM表征[如图3-16(a)所示],发现碳点较为均一分散,通过统计50个碳点的直径,得出其平均直径为2.9 nm[如图3-16(b)所示]。由HRTEM照片可得碳点的晶格间距为0.21 nm[如图3-16(a)中插图所示],与石墨烯的(100)晶面相近。[25] CDs@SBT-2复合材料透析母液后所得碳点也与其相似[如图3-17(a)所示],通过统计50个碳点的直径,得出其平均直径为2.8 nm[如图3－17(b)所示]。HRTEM照片同样显示碳点的晶格间距为0.21 nm[如图3－17(a)中插图所示]。将透析母液后所得碳点与CDs@SBT复合材料中的碳点(第3.3.1节)进行对照,发现其粒径相似。结合第2章所述合成过程,复合材料中的碳点来源于合成过程中母液内形成的碳点的原位嵌入。因而,母液中的碳点对研究复合材料中的碳点具有代表意义。同时,母液中碳点也体现出激发波长依赖的荧光发光行为(如图3－18所示)。

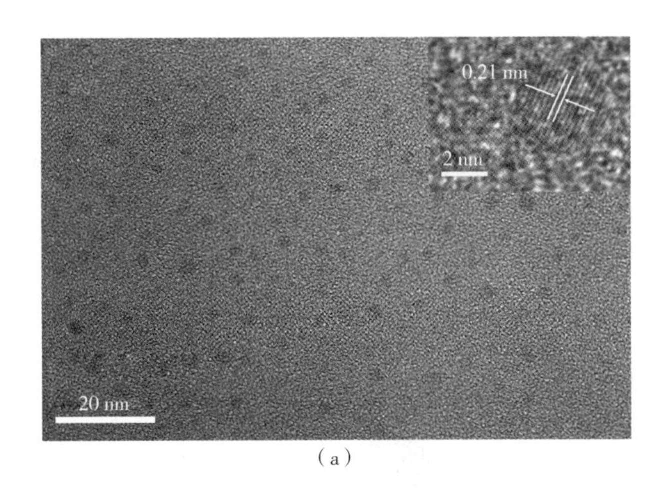

(a)

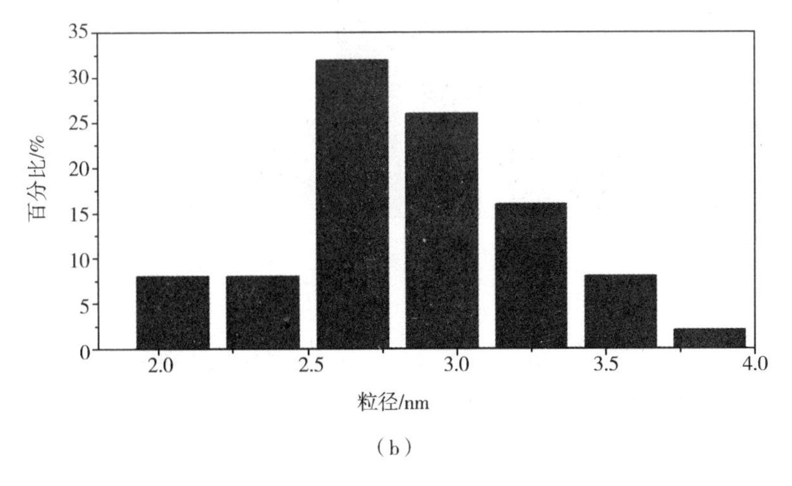

(b)

图3－16　(a)CDs@SBT－1复合材料透析母液后所得碳点的TEM照片(插图为一个代表性的碳点的HRTEM照片);(b)碳点粒径分布图

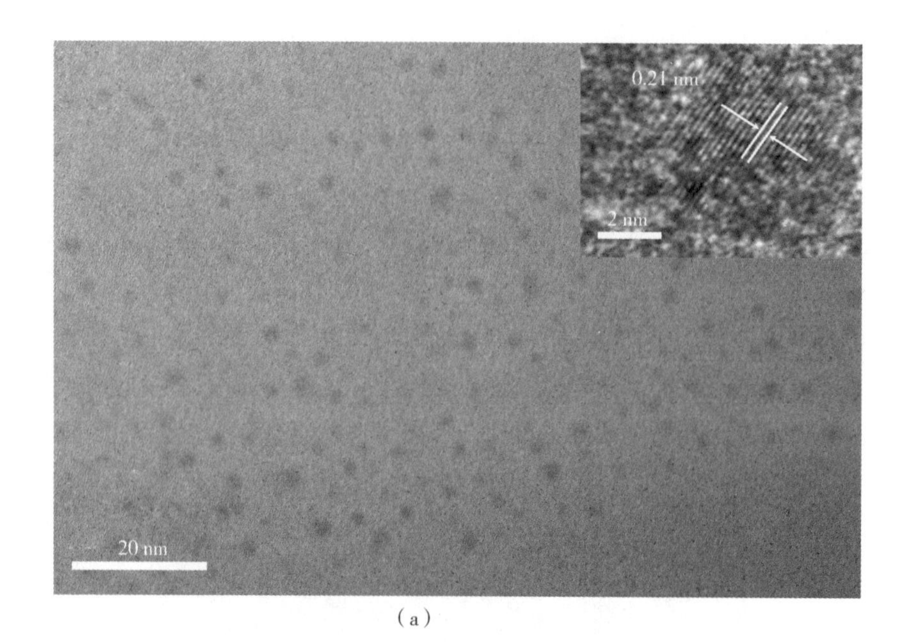

（a）

35
30
25
20
15
10
5
0
百分比/%
2.0
2.5
3.0
3.5
4.0
4.5
粒径/nm

（b）

图 3－17 （a）CDs@ SBT－2 复合材料透析母液后所得碳点的 TEM 照片（插图为一个代表性的碳点的 HRTEM 照片）；（b）碳点粒径分布图

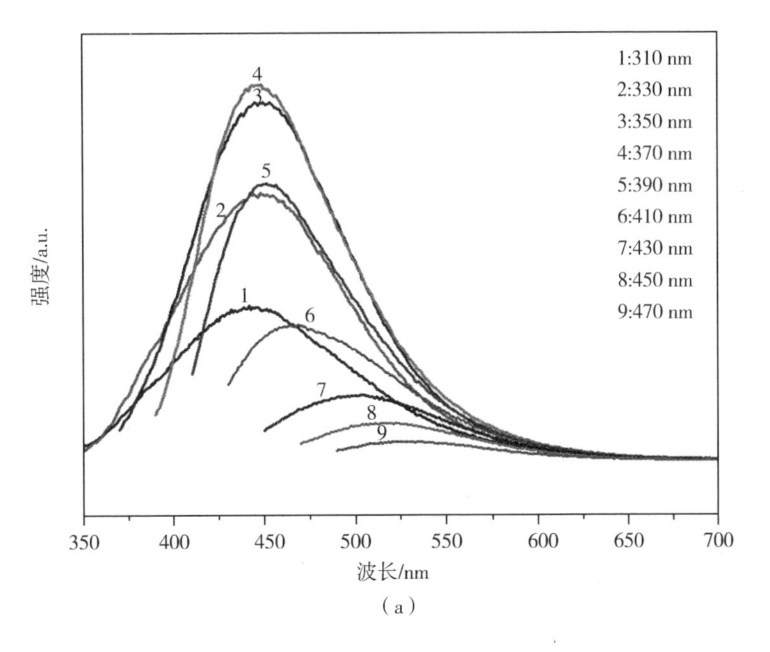

（a）

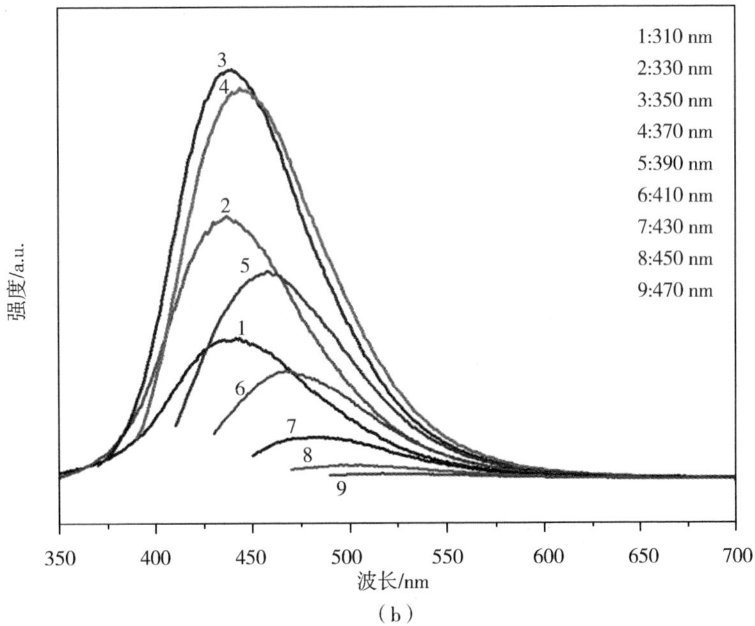

（b）

图 3－18　不同激发下(a)CDs@ SBT－1、(b)CDs@ SBT－2 母液的荧光光谱

CDs@ SBT－1母液中碳点在77 K下的余辉发光光谱的发光中心在505 nm处，可得其T_1态能量为2.46 eV。相比于在77 K下稳态荧光光谱在435 nm处的发光（认为主要是S_1态发光，其S_1态能量为2.85 eV），我们可得出CDs@ SBT－1复合材料母液中碳点的ΔE_{ST}为0.39 eV。按照同样的方法，CDs@ SBT－2母液中碳点在77 K下的余辉发光光谱的发光中心在465 nm处，可得其T_1态能量为2.67 eV。相比于在77 K下稳态荧光光谱在430 nm处的发光（S_1态能量为2.88 eV），我们可得出CDs@ SBT－2复合材料母液中碳点的ΔE_{ST}为0.21 eV［如图3－19(a)、(b)所示］。母液中碳点的荧光相比于复合材料的荧光会有些许蓝移，这主要是由碳点在不同溶液和基质材料中的溶剂化效应造成的，相似的现象在碳点分散于多孔氧化锌纳米材料和硅基底中时也会出现。[27-28]但从整体ΔE_{ST}数值来看，CDs@ SBT－1母液碳点的ΔE_{ST}值大于CDs@ SBT－2的，由此可见，复合材料ΔE_{ST}的差异来源于碳点本身能态的差异。

我们进一步对透析后的碳点进行X射线光电子能谱表征。其中，C 1s图谱可以拟合为C—C/C═C键（284.6 eV / 284.6 eV）、C—O/C—N键（286.1 eV / 285.7 eV）、C═O/C═N键（287.5 eV / 287.5 eV）三个峰［如图3－19(a)、(d)所示］。N 1s图谱可以拟合为吡啶氮（399.0 eV / 399.0 eV）、氨基氮（400.9 eV/400.3 eV）和吡咯氮（402.8 eV / 402.5 eV）的三个峰［如图3－12(b)、(e)所示］。[29] O 1s图谱可拟合为O═C（530.1 eV / 529.9 eV）和O—C（532.0 eV / 532.0 eV）两峰［如图3－19(c)、(f)所示］。对照CDs@ SBT－1和CDs@ SBT－2透析后的母液碳点的XPS图谱，我们可得，以4,7,10－三氧－1,13－十三烷二胺为模板剂合成的CDs@ SBT－2复合材料中的碳点上含有更多的C—O和C═O基团，这可能是其ΔE_{ST}不同的原因。

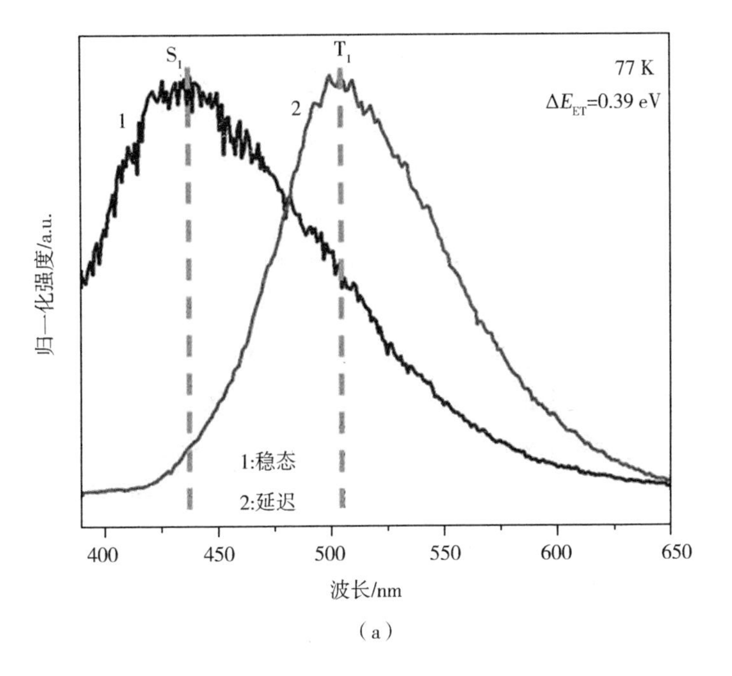

S1
T1
77 K
ΔE_ET=0.39 eV
1
2
归一化强度/a.u.
1:稳态
2:延迟
400
450
500
550
600
650
波长/nm

（a）

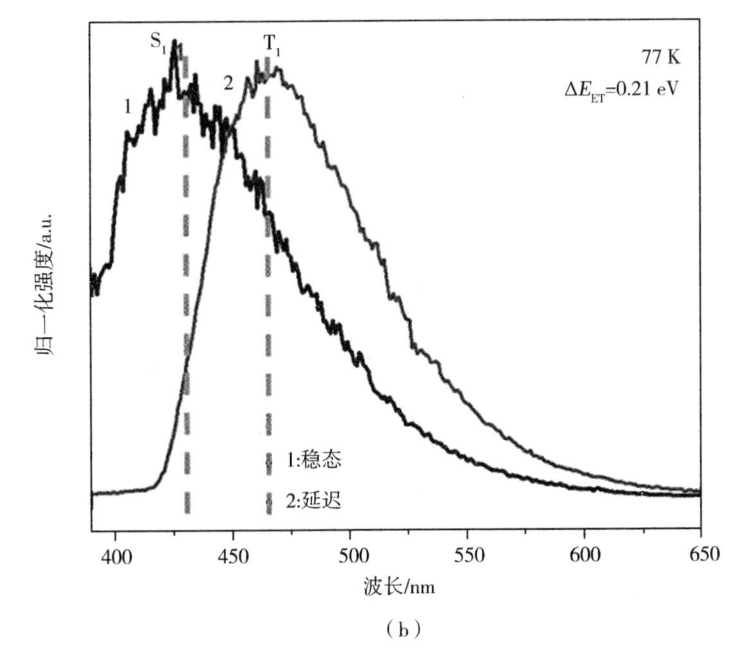

S1
T1
77 K
ΔE_ET=0.21 eV
1
2
归一化强度/a.u.
1:稳态
2:延迟
400
450
500
550
600
650
波长/nm

（b）

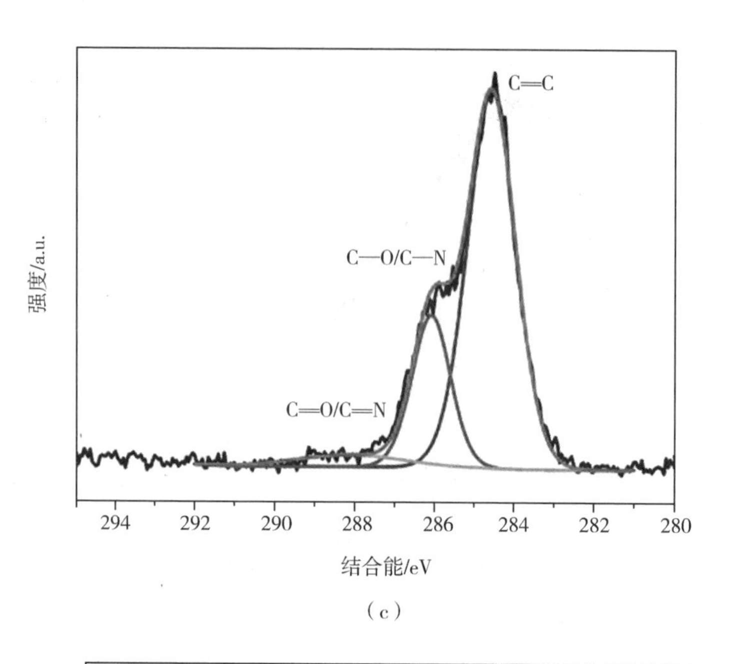
C═C
C—O/C—N
C═O/C═N
强度/a.u.
294
292
290
288
286
284
282
280
结合能/eV

（c）

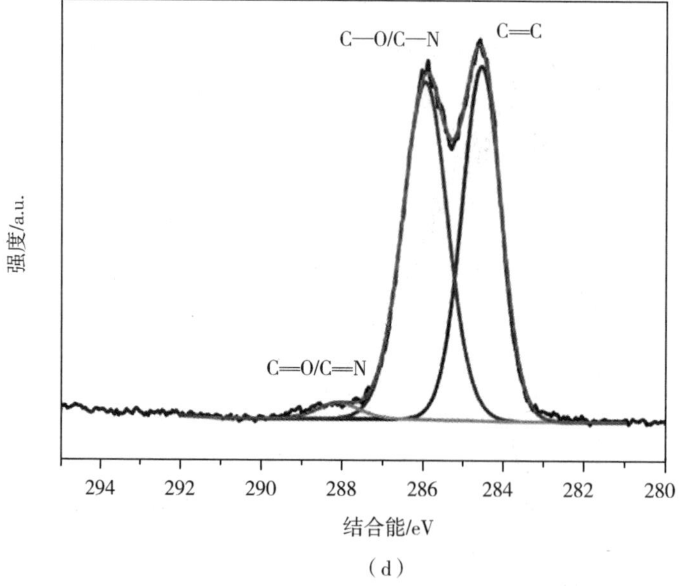
C—O/C—N
C═C
C═O/C═N
强度/a.u.
294
292
290
288
286
284
282
280
结合能/eV

（d）

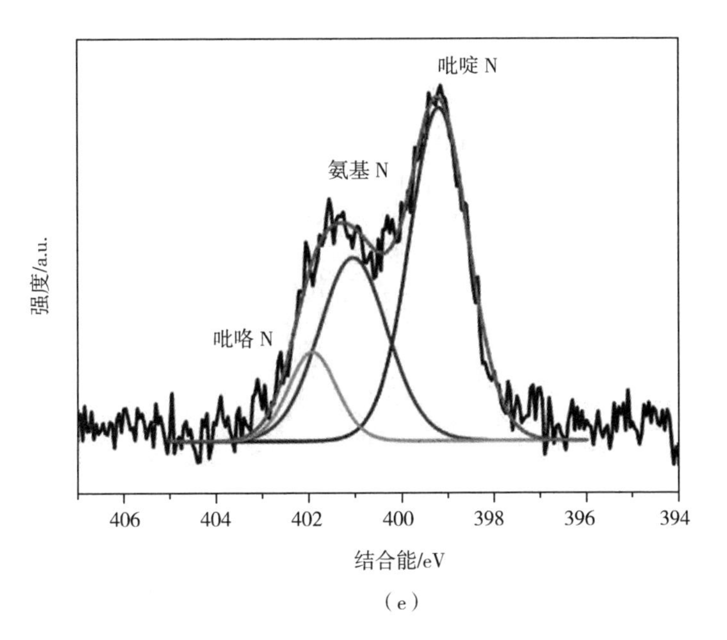
吡啶 N
氨基 N
吡咯 N
强度/a.u.
406
404
402
400
398
396
394
结合能/eV

(e)

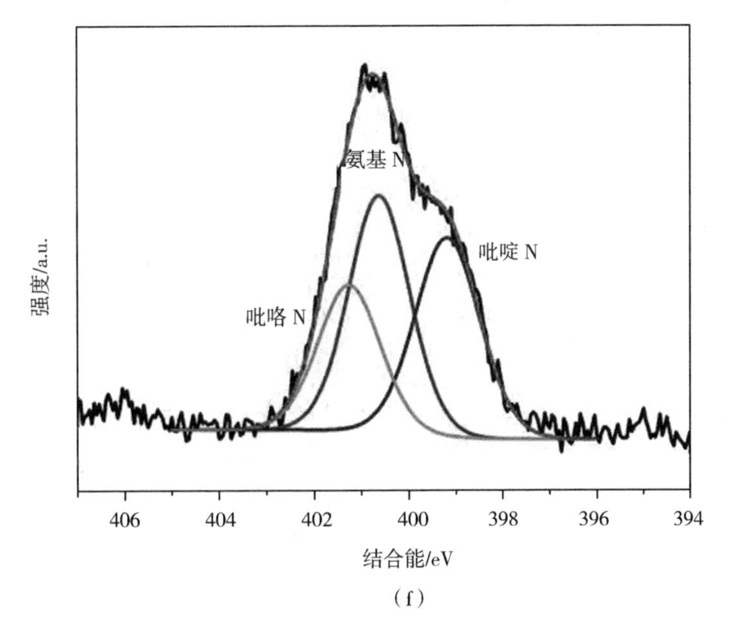
氨基 N
吡啶 N
吡咯 N
强度/a.u.
406
404
402
400
398
396
394
结合能/eV

(f)

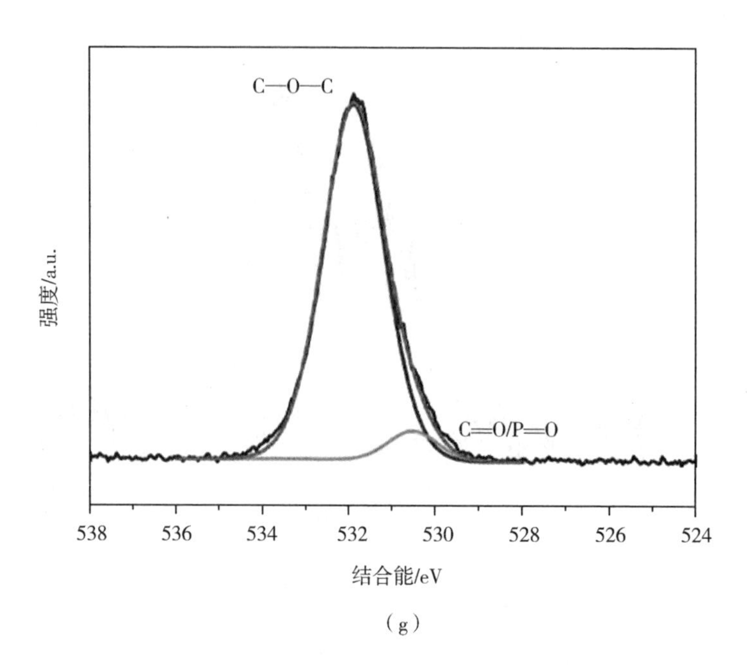
C—O—C
C═O/P═O
强度/a.u.
538 536 534 532 530 528 526 524
结合能/eV

（g）

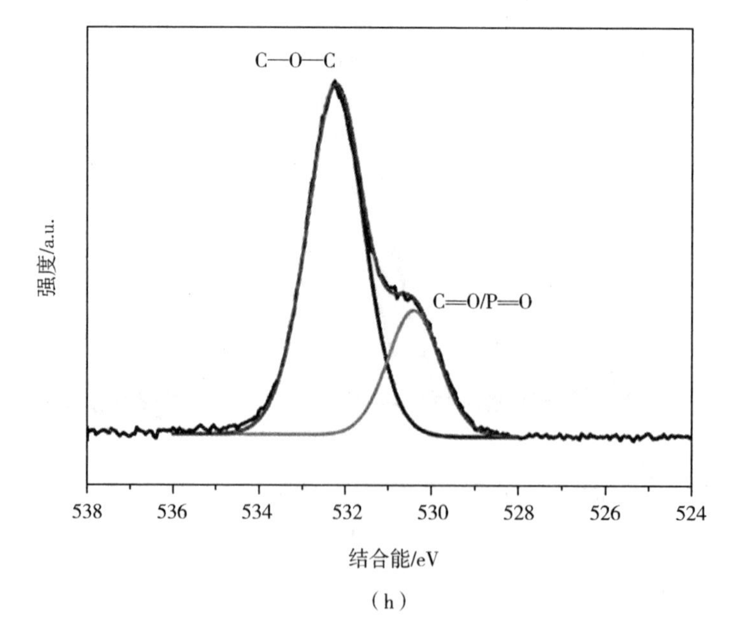
C—O—C
C═O/P═O
强度/a.u.
538 536 534 532 530 528 526 524
结合能/eV

（h）

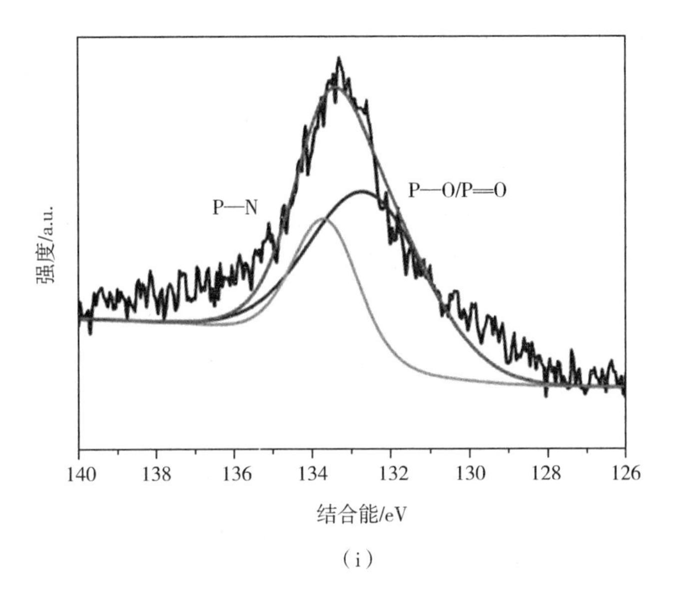

(i)

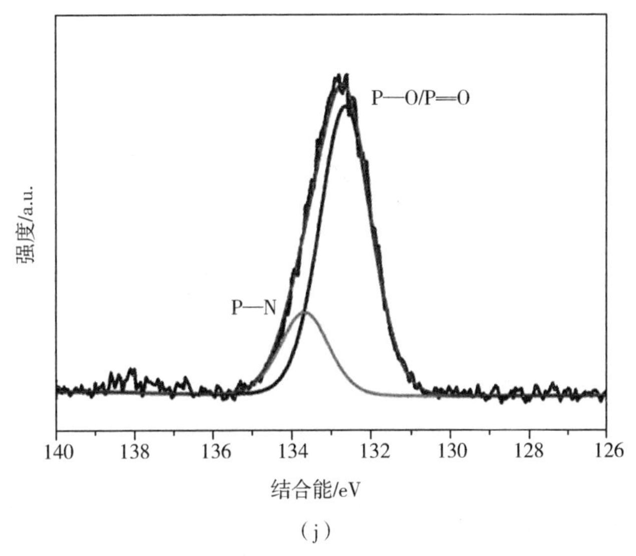

(j)

图 3－19　(a) CDs@ SBT－1、(b) CDs@ SBT－2 复合材料母液透析后的碳点溶液在 77 K 下 370 nm 激发的稳态光谱(1)和余辉发光光谱(2)；CDs@ SBT－1(c)、(e)、(g)、(i)和 CDs@ SBT－2(d)、(f)、(h)、(j)母液透析后的碳点 C 1s，N 1s，O 1s 和 P 2p 高分辨 XPS 谱图

为得到碳点物种的典型拉曼光谱,我们需要淬灭碳点本征的荧光。参阅文献,通过构筑 Ag@ CDs 纳米粒子核壳结构,并对其进行拉曼测试,我们得到了碳点的拉曼谱图(如图 3 - 20 所示)。在两种碳点中,均存在 1588 cm^{-1} 和 1358 cm^{-1} 的拉曼谱峰:1588 cm^{-1}(G 带)对应石墨烯碎片结构中,石墨结构在面内拉伸振动 E_{2g} 模式及碳原子的 sp^2 键合;1358 cm^{-1}(D 带)对应于无序碳的存在,这往往是由在碳点边缘位置的碳原子引起的。对比二者的拉曼谱图,CDs@ SBT - 2 的 D 带强度强于 CDs@ SBT - 1,这表明 CDs@ SBT - 2 中存在更多无序的碳原子,这可能导致更多的空间位阻结构。

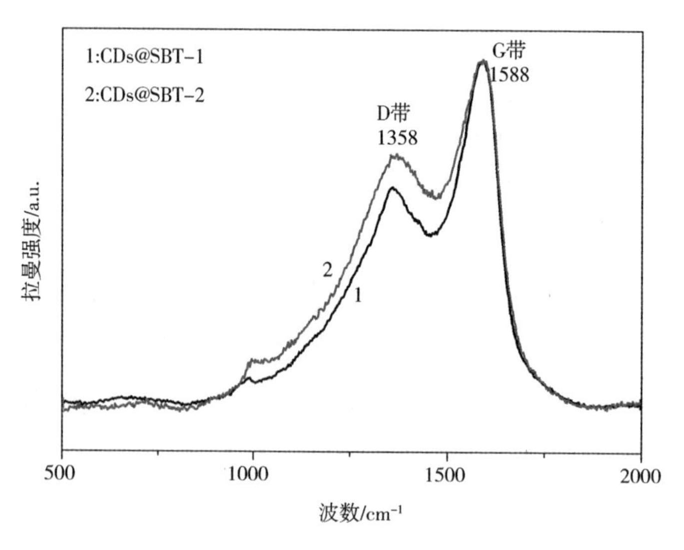

图 3 - 20　CDs@ SBT - 1 和 CDs@ SBT - 2 母液透析后碳点的拉曼谱图

根据实验现象,母液中提取的碳点并不能在室温下展现长寿命的发光特性,而复合材料的基质能有效抑制三重激发态的非辐射衰变过程,从而可获得具有长寿命发光特性的复合材料,故而结构稳定的分子筛基质至关重要。CDs @ SBT - 1 和 CDs@ SBT - 2 复合材料的固态 ^{13}C 核磁共振谱表明,复合材料中有机模板剂的结构保持完整(如图 3 - 21 所示)。分子筛结构中的嵌段结构及模板剂分子与碳点表面官能团之间相互作用,从而形成氢键结构,可以有效抑制非辐射弛豫。

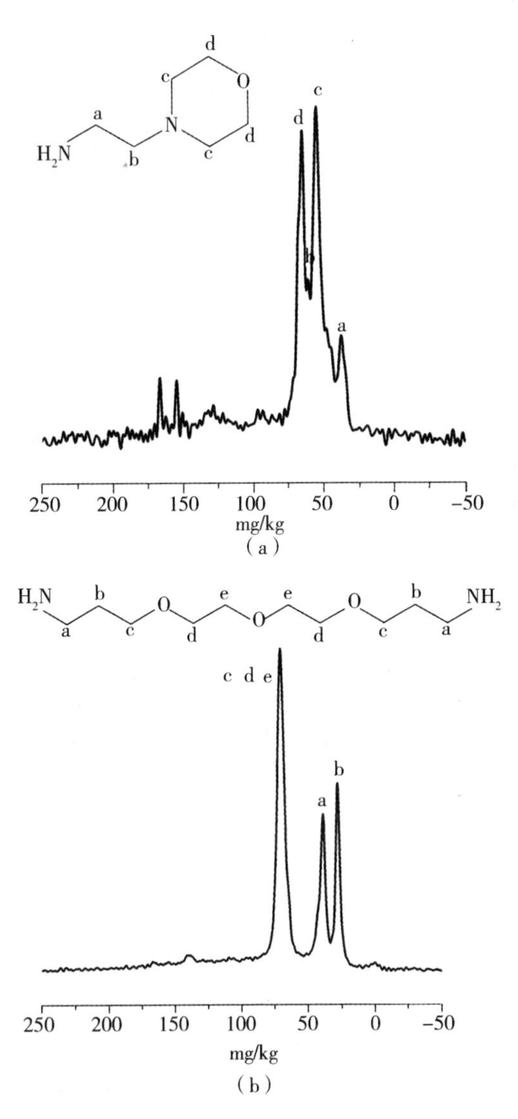

图 3－21　(a)CDs@ SBT－1 和(b)CDs@ SBT－2 复合材料的固态^{13}C MAS NMR 谱图

具有纳米限域作用的分子筛基质可以有效地稳定碳点的三重激发态，这对获得具有长寿命发光特性的材料起着至关重要的作用。在此基础上，CDs@ SBT－1具有大的 ΔE_{ST}值，故而主要展现长寿命的三重态发光，即室温磷光；而

CDs@ SBT－2 具有小的 ΔE_{ST}值，在室温热的激发下，电子可以从 T_1 态跃迁回到 S_1 态，完成反系间窜跃过程，从而展现长寿命的热致延迟荧光特性（如图 3－22 所示）。值得注意的是，在室温磷光系统中，ΔE_{ST}的调节作用与方法已得到了研究，引入吸电子原子、在寄主无机相中改变阴阳离子、结构微调、分子内电子耦合等方法成功地对室温磷光体系调节了单重/三重激发态。然而，对 RTP 和 TADF 材料在分子水平上的机制理解仍然是具有挑战性的。

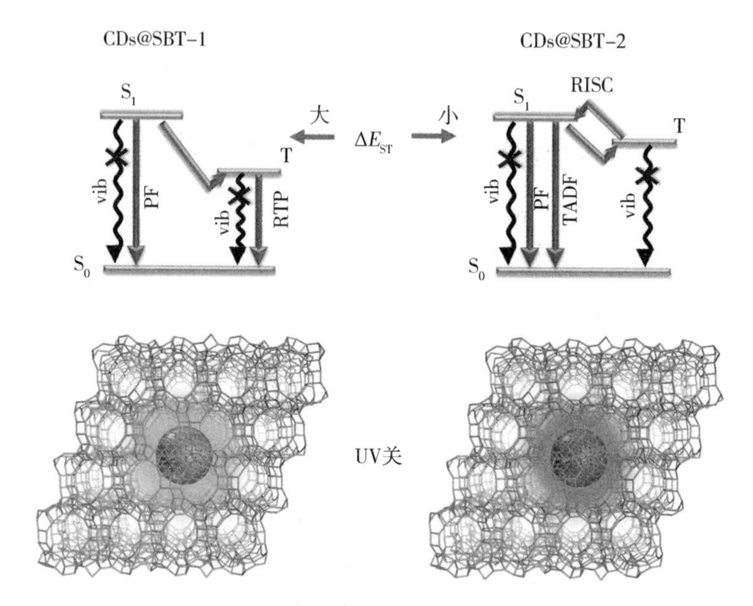

图 3－22　CDs@ SBT－1 和 CDs@ SBT－2 复合材料的热致延迟荧光机制

具有超长寿命的 RTP 和 TADF 材料可以在光电子、生物成像和防伪方面得到应用。这里我们将介绍一种由荧光模式、寿命编码余辉发射模式和颜色编码余辉发射模式组成的智能安全防护模式。如图 3－23 所示，ICFS（吉林大学未来科学国际合作联合实验室标识）由两部分编码：CDs@ SBT－1 为“I，F，S”部分，CDs@ SBT－2 为“C”和天鹅部分。当 UV 激发打开时，图形呈现蓝色发射，可作为荧光安全防护模式。当 UV 激发关闭时，肉眼可以清楚地观察到 CDs@ SBT－1 编码的“I，F，S”部分显示为绿色 RTP，而 CDs@ SBT－2 编码的“C”和天鹅部分显示为蓝色 TADF。

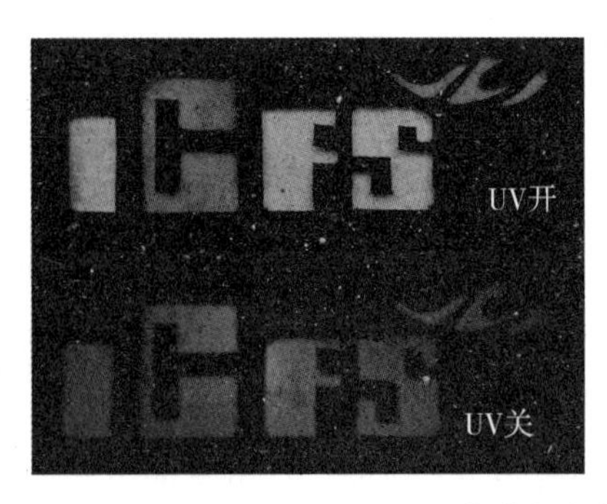

图3－23　CDs@SBT－1和CDs@SBT－2复合材料的防伪应用

3.4　本章小结

本章中，我们通过原位合成的方法，分别以N－(2－氨基乙基)吗啉和4,7,10－三氧－1,13－十三烷二胺为有机模板剂，原位合成了两种在室温空气环境下分别展现室温磷光及热致延迟荧光现象的碳点@分子筛复合材料。通过调变合成所需的有机胺物种，可以改变碳点的结构与组成，进而调变碳点的发光能态，两种碳点@分子筛复合材料的固有ΔE_{ST}分别为0.36 eV及0.18 eV。同时，利用分子筛基质材料对碳点有效的稳定作用，长寿命的三重激发态被很好地稳定，电子在室温下因不同的ΔE_{ST}而呈现不同的电子跃迁过程，复合材料因而展现出不同的室温磷光及热致延迟荧光现象。由于分子筛和碳点合成体系的多样性和可调控性，本章工作为大量新型的具有不同长余辉发光特性的碳点@分子筛材料的合成开创了新途径，更多新型多功能的碳点@分子筛复合材料值得期待。

参考文献

[1]S. Xu, R. Chen, C. Zheng, et al. Excited state modulation for organic afterglow: materials and applications[J]. Advanced Materials, 2016, 28(45): 9920－9940.

[2]K. Van Den Eeckhout, P. F. Smet, D. Poelman. Persistent luminescence in Eu^{2+}－doped compounds: a review[J]. Materials, 2010, 3(4): 2536.

[3]P. F. Smet, J. Botterman, K. Van Den Eeckhout, et al. Persistent luminescence in nitride and oxynitride phosphors: a review[J]. Optical Materials, 2014, 36(11): 1913 - 1919.

[4]B. Verma, R. Baghel. Structural and optical properties of Eu - doped silicate phosphors: a review[J]. International Journal of Pure and Applied Physics, 2017, 13(3): 477 - 483.

[5]B. Verma, R. Baghel. A review on luminescence properties in Eu doped phosphate phosphors[J]. International Journal of Materials Science, 2017, 12(3): 483 - 489.

[6]J. Yuan, Y. Tang, S. Xu, et al. Purely organic optoelectronic materials with ultralong-lived excited states under ambient conditions[J]. Science Bulletin, 2015, 60(19): 1631 - 1637.

[7]H. Chen, X. Yao, X. Ma, et al. Amorphous, efficient, room-temperature phosphorescent metal-free polymers and their applications as encryption ink[J]. Advanced Optical Materials, 2016, 4(9): 1397 - 1401.

[8]W. Z. Yuan, X. Y. Shen, H. Zhao, et al. Crystallization-induced phosphorescence of pure organic luminogens at room temperature[J]. The Journal of Physical Chemistry C, 2010, 114(13): 6090 - 6099.

[9]Y. Gong, L. Zhao, Q. Peng, et al. Crystallization-induced dual emission from metal-and heavy atom-free aromatic acids and esters[J]. Chemical Science, 2015, 6(8): 4438 - 4444.

[10]O. Bolton, K. Lee, H. J. Kim, et al. Activating efficient phosphorescence from purely organic materials by crystal design[J]. Nature Chemistry, 2011, 3(3): 205 - 210.

[11]K. Jiang, L. Zhang, J. Lu, et al. Triple-mode emission of carbon dots: applications for advanced anti-counterfeiting[J]. Angewandte Chemie International Edition in English, 2016, 55(25): 7231 - 7235.

[12]H. Mieno, R. Kabe, N. Notsuka, et al. Long-lived room-temperature phosphorescence of coronene in zeolitic imidazolate framework ZIF - 8[J]. Advanced Optical Materials, 2016, 4(7): 1015 - 1021.

[13] Z. An, C. Zheng, Y. Tao, et al. Stabilizing triplet excited states for ultralong organic phosphorescence[J]. Nature Materials, 2015, 14(7): 685 -690.

[14] H. Uoyama, K. Goushi, K. Shizu, et al. Highly efficient organic light - emitting diodes from delayed fluorescence [J]. Nature, 2012, 492 (7428): 234 -238.

[15] Y. Tao, K. Yuan, T. Chen, et al. Thermally activated delayed fluorescence materials towards the breakthrough of organoelectronics[J]. Advanced Materials, 2014, 26(47): 7931 -7958.

[16] J. Yu, R. Xu. Rational approaches toward the design and synthesis of zeolitic inorganic open-framework materials [J]. Accounts of Chemical Research, 2010, 43(9): 1195 -1204.

[17] Z. Wang, J. Yu, R. Xu. Needs and trends in rational synthesis of zeolitic materials[J]. Chemical Society Reviews, 2012, 41(5): 1729 -1741.

[18] J. Li, A. Corma, J. Yu. Synthesis of new zeolite structures[J]. Chemical Society Reviews, 2015, 44(20): 7112 -7127.

[19] J. Liu, N. Wang, Y. Yu, et al. Carbon dots in zeolites: a new class of thermally activated delayed fluorescence materials with ultralong lifetimes[J]. Sci Adv, 2017, 3(5): e1603171.

[20] L. Pan, S. Sun, A. Zhang, et al. Truly fluorescent excitation-dependent carbon dots and their applications in multicolor cellular imaging and multidimensional sensing[J]. Advanced Materials, 2015, 27(47): 7782 -7787.

[21] H. Ding, S. B. Yu, J. S. Wei, et al. Full-color light-emitting carbon dots with a surface-State-controlled luminescence mechanism [J]. ACS Nano, 2016, 10(1): 484 -491.

[22] Y. Dong, H. Pang, H. B. Yang, et al. Carbon-based dots Co - doped with nitrogen and sulfur for high quantum yield and excitation-independent emission [J]. Angewandte Chemie International Edition, 2013, 52(30): 7800 -7804.

[23] H. Nie, M. Li, Q. Li, et al. Carbon dots with continuously tunable full-color emission and their application in ratiometric pH sensing[J]. Chemistry of Materials, 2014, 26(10): 3104 -3112.

[24] S. Zhu, Y. Song, J. Shao, et al. Non-conjugated polymer dots with crosslink-enhanced emission in the absence of fluorophore units[J]. Angewandte Chemie International Edition, 2015, 54(49): 14626 – 14637.

[25] X. Dong, L. Wei, Y. Su, et al. Efficient long lifetime room temperature phosphorescence of carbon dots in a potash alum matrix[J]. Journal of Materials Chemistry C, 2015, 3(12): 2798 – 2801.

[26] S. Wang, X. Yan, Z. Cheng, et al. Highly efficient near-infrared delayed fluorescence organic light emitting diodes using a phenanthrene-based charge-transfer compound[J]. Angewandte Chemie International Edition, 2015, 54(44): 13068 – 13072.

[27] K. Suzuki, L. Malfatti, D. Carboni, et al. Energy transfer induced by carbon quantum dots in porous zinc oxide nanocomposite films[J]. The Journal of Physical Chemistry C, 2015, 119(5): 2837 – 2843.

[28] J. Zong, Y. Zhu, X. Yang, et al. Synthesis of photoluminescent carbogenic dots using mesoporous silica spheres as nanoreactors[J]. Chemical Communications, 2011, 47(2): 764 – 766.

[29] J. Tan, R. Zou, J. Zhang, et al. Large-scale synthesis of N – doped carbon quantum dots and their phosphorescence properties in a polyurethane matrix[J]. Nanoscale, 2016, 8(8): 4742 – 4747.

第 4 章

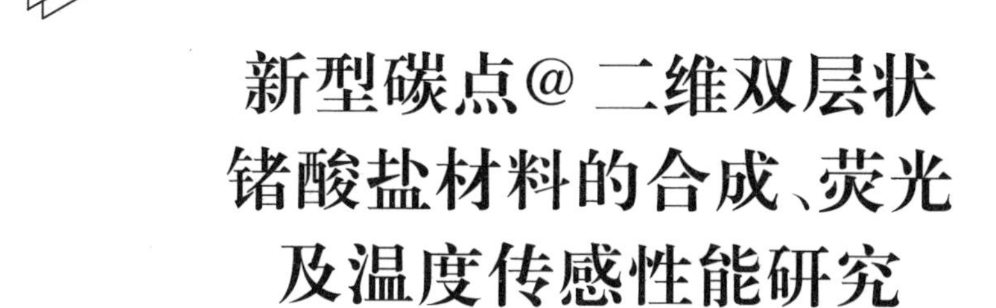

新型碳点@二维双层状锗酸盐材料的合成、荧光及温度传感性能研究

4.1 引言

近年来,开放骨架锗酸盐材料因其独特的构筑方式和丰富多样的骨架结构而引起广泛关注。[1-3]在锗酸盐骨架结构中,锗原子具有四配位(GeO_4四面体)、五配位(GeO_5三角双锥)和六配位(GeO_6八面体)等不同的配位状态。这些多面体以多种不同连接方式相连,可以形成不同的锗氧簇次级结构单元,例如:Ge_7X_{19}(Ge_7)[4-6]、Ge_8X_{20}(Ge_8)[7-8]、Ge_9X_{26-m}(Ge_9)[9-11]以及$Ge_{10}X_{28-m}$(Ge_{10})[12-13](其中 X = O, OH, F; m = 0,1)。锗氧簇进一步相互连接可以形成具有超大孔道和低骨架密度的多种锗酸盐开放骨架化合物。[14-16]目前,已报道的锗酸盐结构丰富多样,从零维团簇、一维长链、二维层到三维开放骨架结构。但据我们所知,二维双层状锗酸盐鲜少报道。其中包括,具有 10、18 元环交叉孔道结构的 SU-64[17];具有 8、10、12 元环开放骨架结构的ASU-19[18],具有 23 元环月牙形孔道结构的 SU-72[19]。这些化合物都具有 Ge_7簇作为结构基元。然而,大部分锗酸盐在煅烧脱除客体后,骨架结构往往不稳定,在一定程度上限制了其应用。因此,开发新型具有独特骨架结构和潜在应用价值的开放骨架锗酸盐非常重要。

碳点由于其独特的优势而在生物成像、催化、传感、光电等领域引起广泛关注。[20-23]然而,固态的碳点常会因团聚而发生荧光淬灭,限制了其在固态器件上的应用。分子筛材料可以作为一个合适的固态基质材料来稳定碳点,使其保持高效发光性能。目前报道的碳点@分子筛复合材料大多是通过在不同的温度下煅烧分子筛中的有机模板剂制得的。[24-26]如第 2 章所述,我们开发了一种"量子点于分子筛中"的合成策略,通过水热/溶剂热的方法将碳点原位限域在分子筛骨架中。在这种方法中,用于合成分子筛的有机胺和溶剂同时也充当着合成碳点的原料。[27]这种设计理念有利于合成更多的具有荧光性质的碳点@开放骨架化合物材料。

这里,我们在溶剂热条件下合成了一例新型的锗酸盐开放骨架化合物$[H_2(C_4N_3H_{13})]_3(Ge_7O_{14.5}F_2)(Ge_7O_{14}F_3)\cdot 2.5H_2O$,命名为 JLG-16。JLG-16 是由 Ge_7簇相互连接而构成的一个新颖的二维双层状化合物。其结构在(010)方向具有 16 元环孔道结构,在(001)方向具有 10 元环孔道结构。通过原位合成的方式,碳点被嵌入到了 JLG－16 晶体材料之中。合成的 CDs@ JLG－16 复合材料具有依赖激发波长的光致发光现象和温度响应的荧光现象(如图 4－1所示),为锗酸盐材料在温度传感方面提供了新的应用渠道。

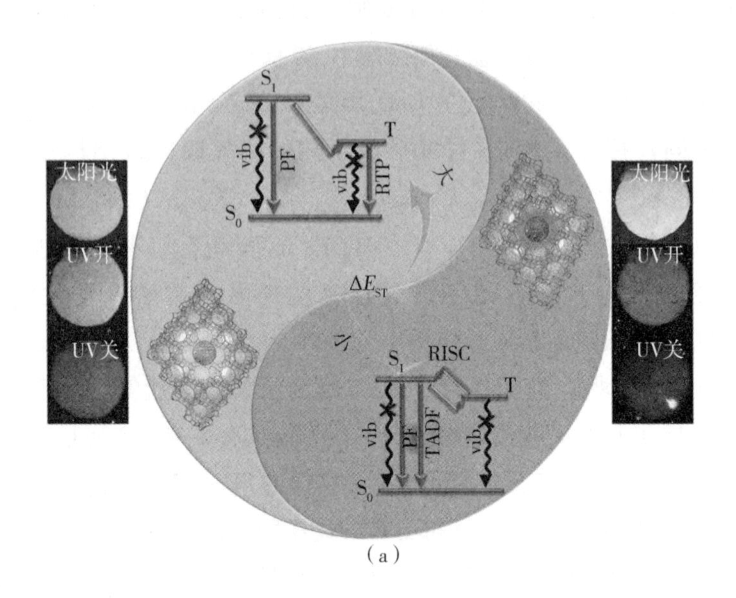

(a)

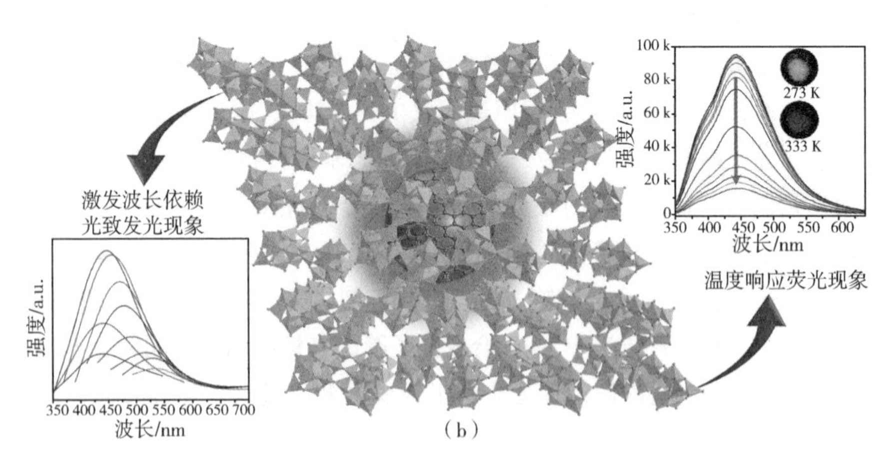

(b)

图 4－1 CDs@ JLG－16 复合材料的结构及其依赖激发波长的发光和温度响应的荧光现象

4.2　实验部分

4.2.1　实验试剂

二氧化锗(99.999 wt%),四甘醇(TEG,99 wt%),二乙烯三胺(dien, 99.99 wt%),氢氟酸(HF,40 wt% 水溶液)。

4.2.2　合成方法

碳点@ JLG－16 复合材料是在溶剂热条件下合成的。典型的方法是:先将 0.21 g GeO_2加入到 5.0 mL TEG 和 0.5 mL 水的混合液中,搅拌至均一溶液后,加入 2.0 mL dien 和 0.12 mL HF。反应溶液搅拌到均一状态后转移入聚四氟乙烯内衬的反应釜中,180 ℃下晶化 3 d。所得产物用去离子水多次洗涤,在室温下过夜干燥,以备测试。

4.2.3　结构解析

选取一个(0.21 × 0.20 × 0.18) mm^3的单晶进行单晶 X 射线衍射分析,单晶 X 射线衍射数据在室温下于衍射仪上进行收集,Mo Kα 射线(λ = 0.710 73 Å)。所得数据经过 SAINT 程序还原。利用 Shelxtl 97 进行解析和修正。重原子可以被清晰地确定位置,全部非氢原子坐标用差值函数法和最小二乘法求出,结构修正采用最小二乘法。

4.3　实验结果与讨论

4.3.1　JLG－16 的合成及晶体结构解析

CDs@ JLG－16 复合材料是在溶剂热条件下用 dien 作为有机模板剂原位合

成的。如图 4 －2 所示,JLG －16 样品的粉末 XRD 数据与用单晶模拟的 XRD 数据一致。扫描电子显微镜照片(如图 4 －3 所示)显示,CDs@ JLG －16 呈现多面体形貌。经过电感耦合等离子体分析可得,锗的质量分数是 52. 70 wt%(理论值:52. 74 wt%)。氟离子选择电极给出氟元素含量为 5. 24 wt%(理论值:4. 93 wt%)。实验结果与理论值吻合。

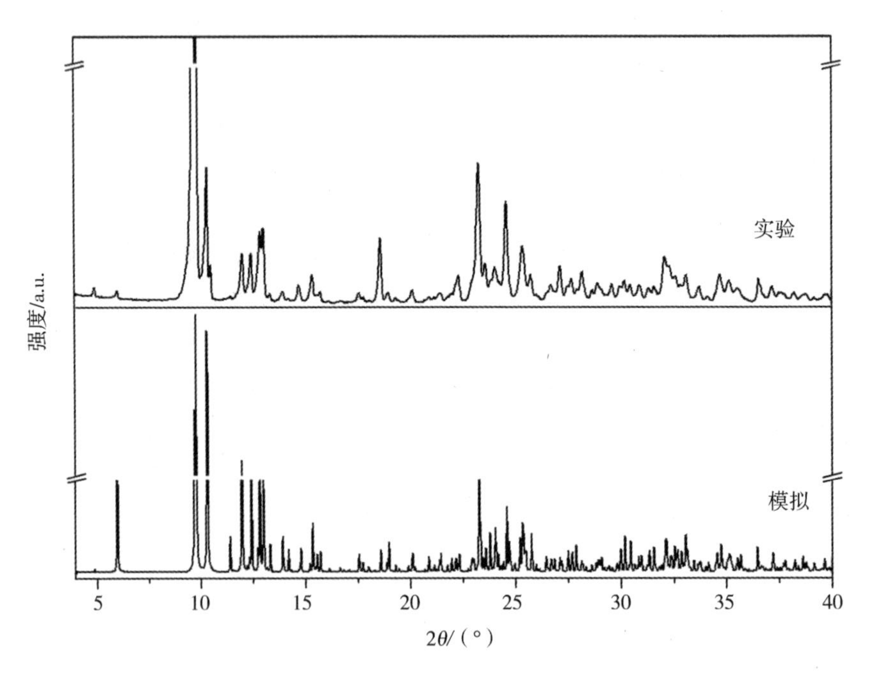

图 4 －2　JLG －16 的实验和模拟 XRD 谱图

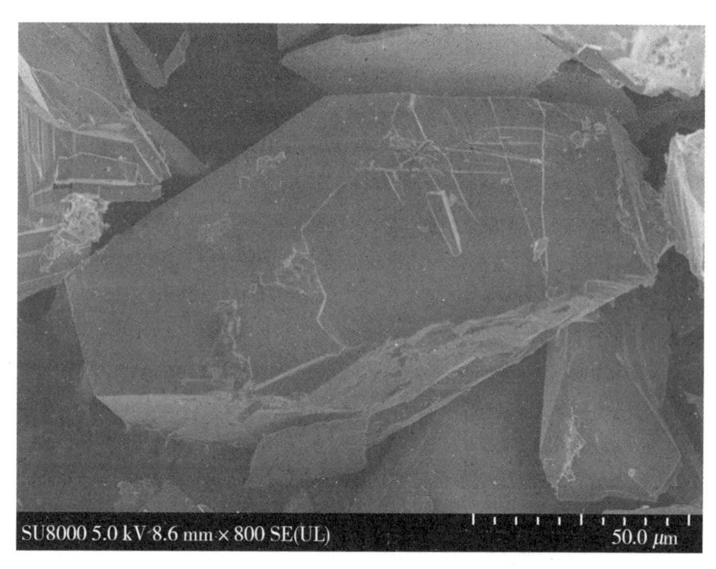

图 4 - 3　JLG - 16 的扫描电子显微镜照片

单晶结构解析结果表明，JLG - 16 结晶在单斜晶系 C2/c 空间群，a = 38.200 8(15) Å，b = 8.826 2(4) Å，c = 31.178 9(13) Å，β = 108.547 0(10)°。JLG - 16 结构的原子坐标见附表 2 所示。如图 4 - 4 所示，JLG - 16 的不对称结构单元中包括 14 个锗原子，组成了 2 个不等价 Ge_7 簇，命名为 Ge_7(A) 和 Ge_7(B)。如图 4 - 5(a)所示，每个 Ge_7 簇包含 7 个 Ge—O/F 多面体(1 个 GeO_6 八面体、2 个 GeO_5 三角双锥和 4 个 GeO_4 四面体)。Ge_7 簇结构存在 7 个可能的连接位点，在 JLG - 16 结构中，Ge_7(A) 和 Ge_7(B) 分别是 4、5 配位的。每个 Ge_7(A) 和 2 个相邻的 Ge_7(B) 以及 2 个相邻的 Ge_7(A) 通过 GeO_4 四面体连接，形成 T^4 连接模式。每个 Ge_7(B) 与相邻的 3 个 Ge_7(B) 和 2 个 Ge_7(A) 通过 4 个 GeO_4 四面体和 1 个 GeO_4F 三角双锥相连，形成 T^4P 连接方式。

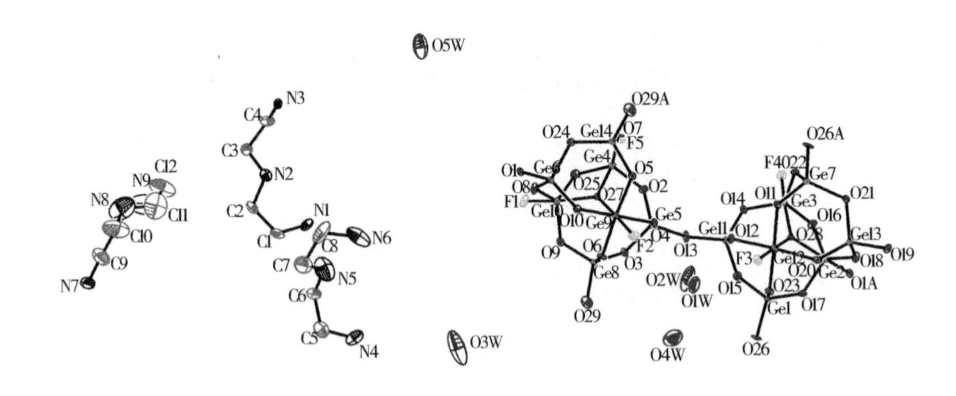

图 4－4　JLG－16 的 50% 热椭球图

JLG－16 结构中的 2 种 Ge_7 簇相互连接构筑成锗酸盐的层状结构 $[(Ge_7O_{14.5}F_2)(Ge_7O_{14}F_3)]^{6-}$。$T^4$连接的 Ge_7(a)和 T^3P 连接的 Ge_7(b)簇构筑成 sql 网状结构的单层[图 4－5(b)所示]，2 个单层通过共享 Ge_7(b)簇的四面体位点相连，从而形成二维双层状结构 JLG－16。其中，JLG－16 结构沿(010)和(001)方向分别有 16 元环和 10 元环孔道结构。如图 4－5(c)所示，4 个 Ge_7(b)构筑而成 10 元环孔道，其最长的 O…O 距离是 6.1 Å(假定氧原子的范德瓦耳斯直径为 2.7 Å)。4 个 Ge_7(b)簇和 2 个 Ge_7(a)簇构筑而成 16 元环孔道，其中最长 O…O 距离是 13.6 Å[如图 4－5(d)所示]。JLG－16 的骨架密度为每 1 000 $Å^3$ 含 11.2 Ge，与三维锗酸盐 ASU－12 的骨架密度每 1000 $Å^3$ 含 12.0 Ge 是可比的。图 4－6 展示了 JLG－16 结构中双质子化的 H_2dien^{2+} 和水分子位于 JLG－16结构的层间区域和孔道内。

（a）

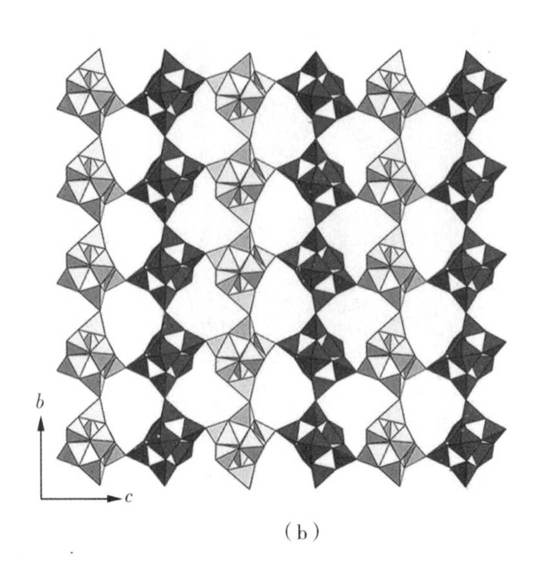

（b）

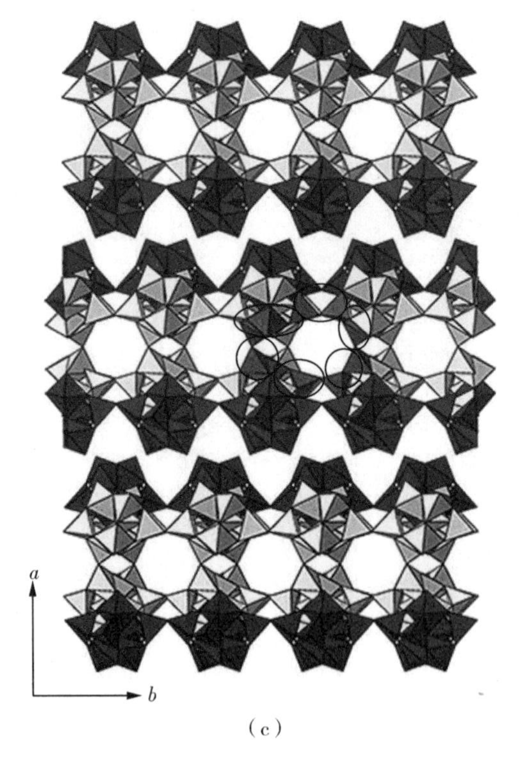

（c）

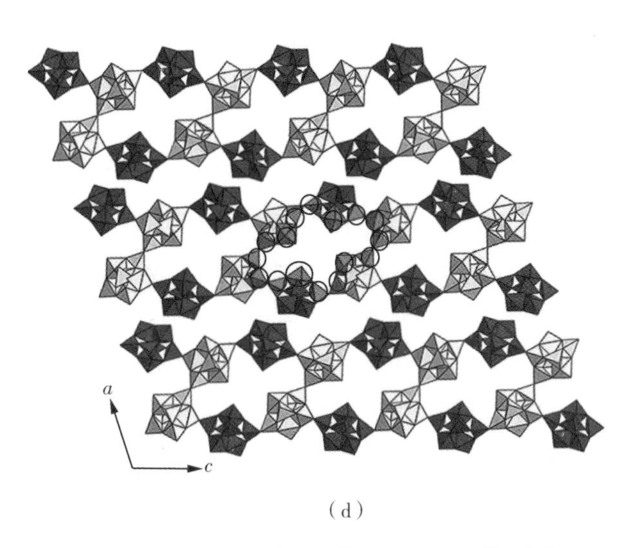

（d）

图 4 - 5　(a) Ge_7(A)簇(深色)和 Ge_7(B)簇(浅色)，(b) 具有 sql 连接的单层结构，(c) 在(001)方向上二维双层状结构中的 10 元环窗口(圈出显示)；(d) 在(010)方向上二维双层状结构中的 16 元环窗口(圈出显示)

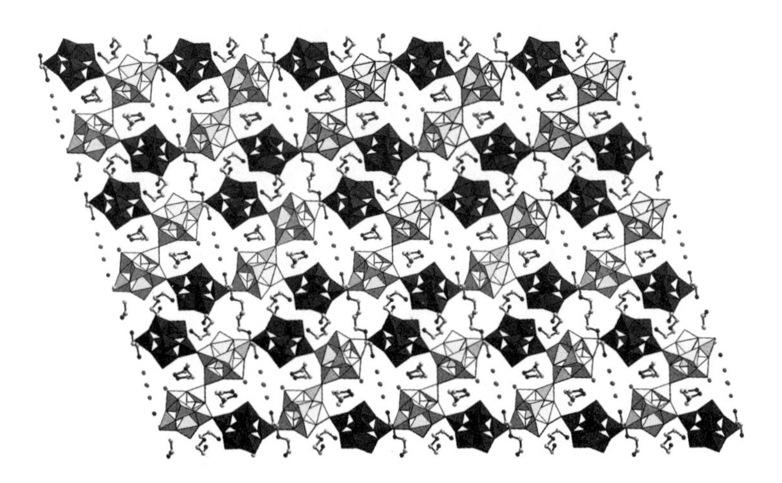

图 4 - 6　JLG - 16 在(010)方向上的结构，其中双质子化的 H_2dien^{2+} 和水分子位于 JLG - 16 结构的层间区域和孔道内

4.3.2 碳点@JLG－16 中碳点的表征

JLG－16 晶体在紫外光照下呈现蓝色荧光,这证明了在溶剂热合成 JLG－16 过程中,碳点被原位包裹进 JLG－16 晶体中。为了进一步证实 JLG－16 晶体中存在碳点,我们将 JLG－16 晶体用氢氟酸刻蚀,样品在氢氟酸的水溶液中超声溶解掉无机骨架结构,用于透射电子显微镜测试。从透射电子显微镜照片中可以看出,碳点的粒径均一且单分散,其平均直径为 3.1 nm(如图 4－7 所示)。从高分辨透射电子显微镜照片中可看出,碳点的晶格间距是 0.21 nm,和石墨烯的(100)晶面相近。

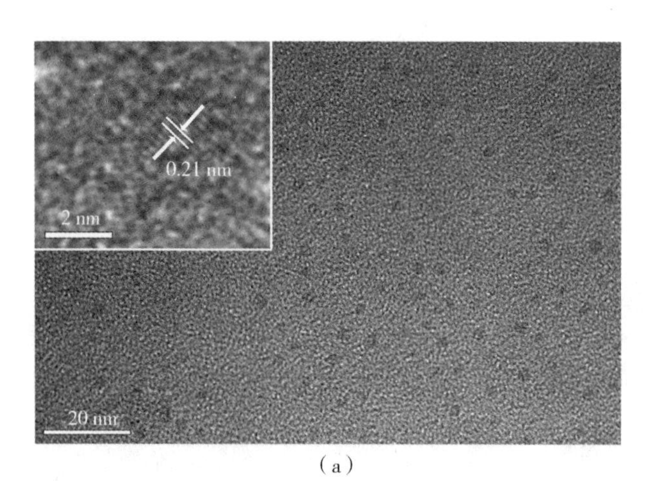

(a)

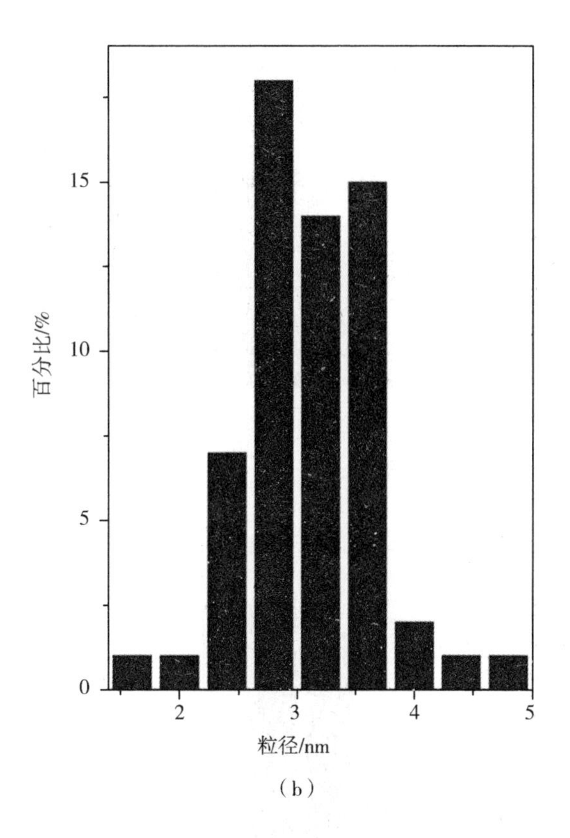

(b)

图 4-7　(a) JLG-16 晶体中分离出的碳点的 TEM 及 HRTEM 照片;(b) 粒径分布(统计 60 个碳点)

值得注意的是,在 CDs@ JLG-16 的合成母液中也能检测到平均直径为 3.0 nm的碳点(如图 4-8 所示)。由此我们推测,碳点在溶剂热条件下原位嵌入到锗酸盐基质材料中,合成了 CDs@ JLG-16 复合材料。

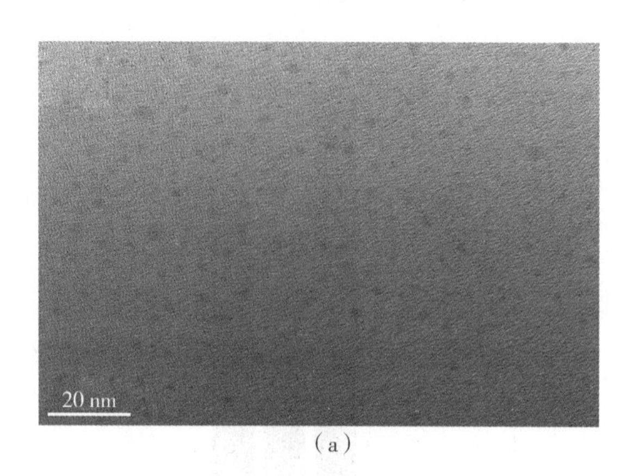

(a)

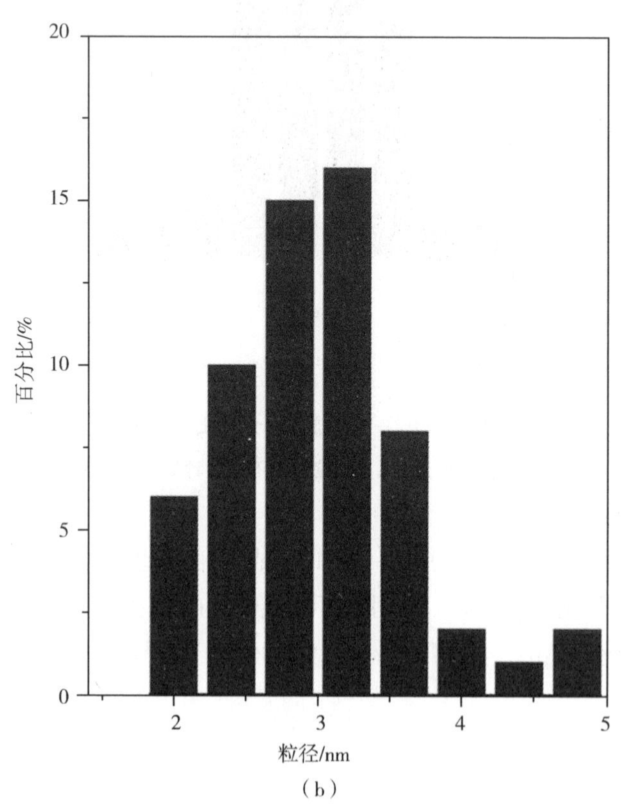

(b)

图 4-8 (a) CDs@ JLG-16 的合成母液中碳点的 TEM 照片;(b) 粒径分布(统计 60 个碳点)

热重和元素分析证实了 CDs@ JLG-16 复合材料中除了模板剂 dien 之外

还存在其他的碳物种。图4-9是CDs@JLG-16复合材料的热重曲线,可以看出CDs@JLG-16复合材料从室温到1 000 ℃过程中有两个失重阶段。第一段,从室温到280 ℃失重2.5 wt%,对应结构中结晶水分子的脱除(理论值:2.3 wt%)。第二段从280 ℃至940 ℃失重23.78 wt%,高于JLG-16结构中dien模板剂分子和端基氟的理论值(理论值21.22 wt%),这证明了碳点的存在。

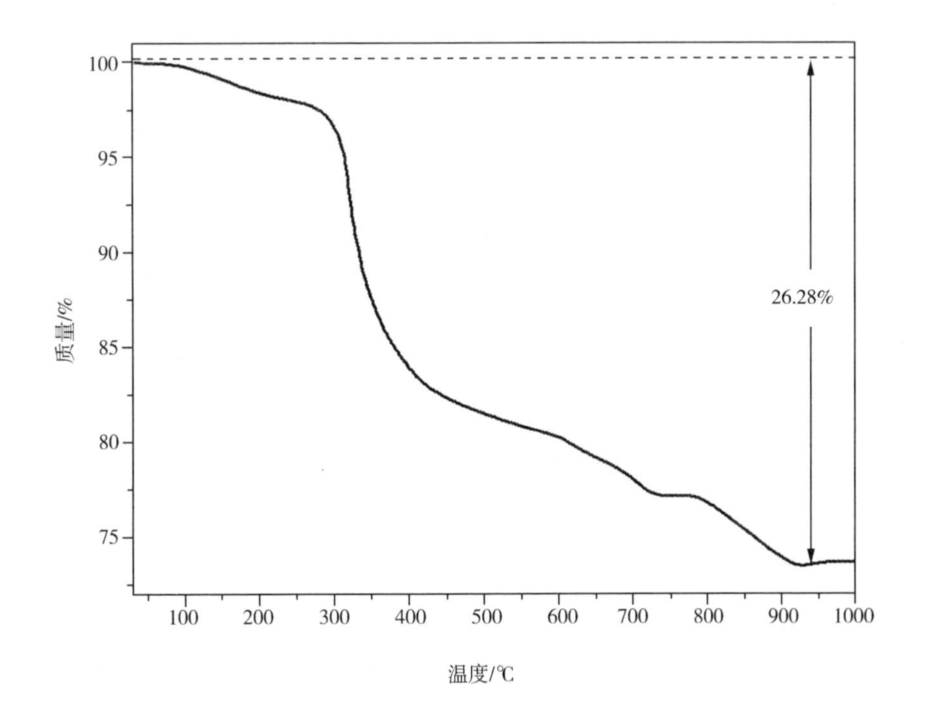

图4-9 CDs@JLG-16复合材料的热重曲线

CHN分析给出C、H、N的含量,分别是8.43 wt%、3.01 wt%和7.20 wt%,比由单晶结构解析得到的分子式的理论值(理论值C:7.47 wt%,H:2.59 wt%,N:6.54 wt%)高。因此通过计算,碳点的含量可以得到——C:1.04 wt%,H:0.43 wt%,N:0.71 wt%。

进一步,我们通过FTIR光谱和XPS光谱对CDs@JLG-16复合材料中的有机物种进行进一步表征。图4-10是其FTIR光谱,818 cm^{-1}、598 cm^{-1}

545 cm^{-1}的峰对应 Ge—O 键的伸缩振动，792 cm^{-1}的峰对应 Ge—F 键。[28] 1462 cm^{-1}的峰归结于 C—O/C—N 键，1525 cm^{-1}的峰是端氨基的特征振动峰。C ═C/C ═N/C ═O 基团的振动峰在 1621 cm^{-1}处，由于模板剂分子中并不存在这些化学键，所以其是碳点结构的特征峰。[29] 3148 cm^{-1}处的峰对应 O—H 和 N—H 的伸缩振动。[30-31] XPS 分析可以将 C 1s 图谱拟合为 C—C/C ═C 键(284.6 eV)、C—O/C—N 键(286.0 eV)、C ═O/C ═N 键(287.6 eV)三个峰[如图 4-11(a)所示]。N 1s 图谱中 399.0 eV、400.9 eV 以及 402.6 eV 处的峰分别代表了吡啶 N、氨基 N、吡咯 N[如图 4-11(b)所示][32-33]。

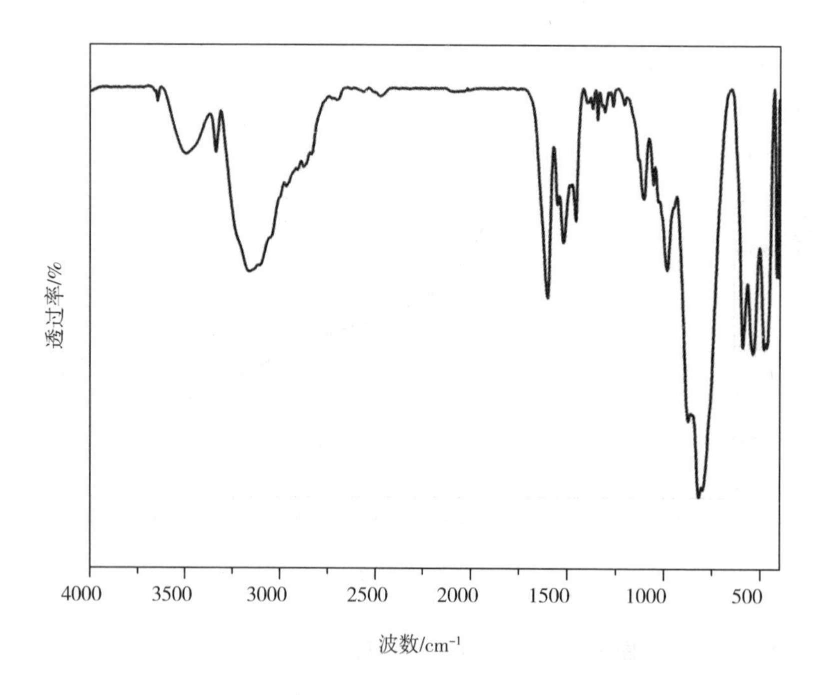

图 4-10 CDs@JLG-16 复合材料的 FTIR 光谱

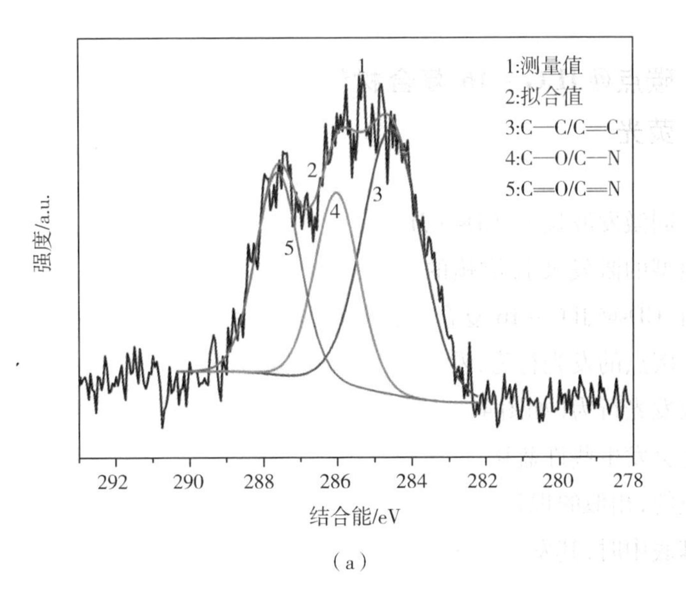

（a）

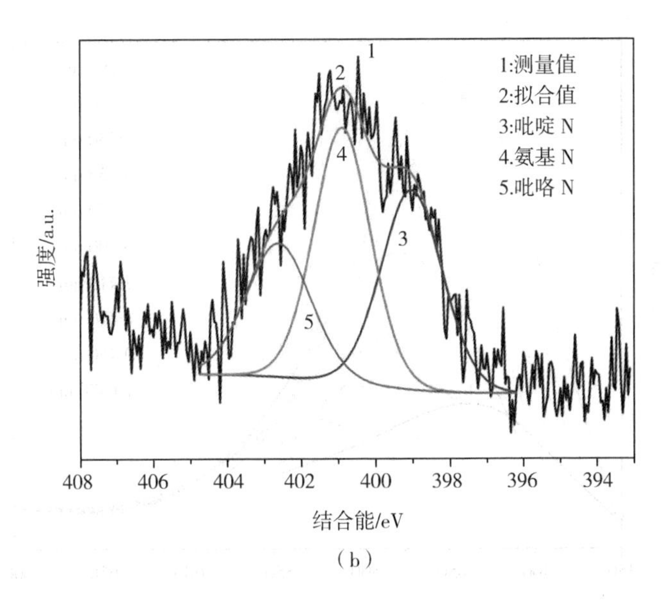

（b）

图 4－11　CDs@ JLG－16 复合材料的高分辨 XPS 光谱

(a) C 1s,(b) N 1s

4.3.3 碳点@JLG－16复合材料的激发波长依赖发光和温度响应荧光

在不同激发波长下，CDs@JLG－16复合材料的发射波长随之相应变化，这是碳点典型的激发波长依赖的发光行为（如图4－12所示）。当激发波长为330 nm时，CDs@JLG－16复合材料的最强发射中心在444 nm。同时，我们考察了母液中碳点的发光行为，发现母液中碳点保持与复合材料相似的激发波长依赖的光致发光行为（如图4－13所示）。在相同激发下，母液的荧光相比于复合材料荧光会发生些许蓝移，这主要是由碳点在不同溶液和基质材料中的溶剂化效应造成的，相似的现象在文献中也有报道：当碳点分散于多孔氧化锌纳米材料和硅基底中时，其发光波长也会相应移动。[34－35]

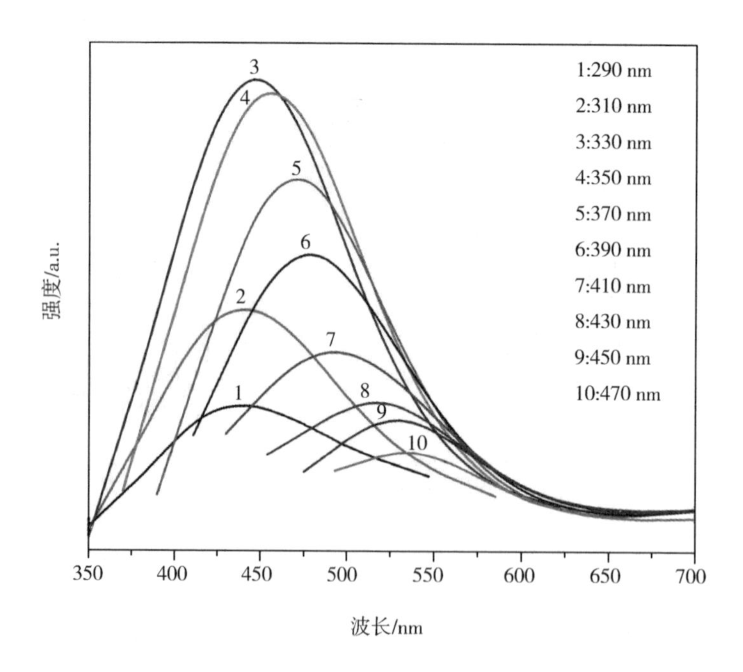

图4－12 不同激发波长下CDs@JLG－16复合材料的荧光光谱

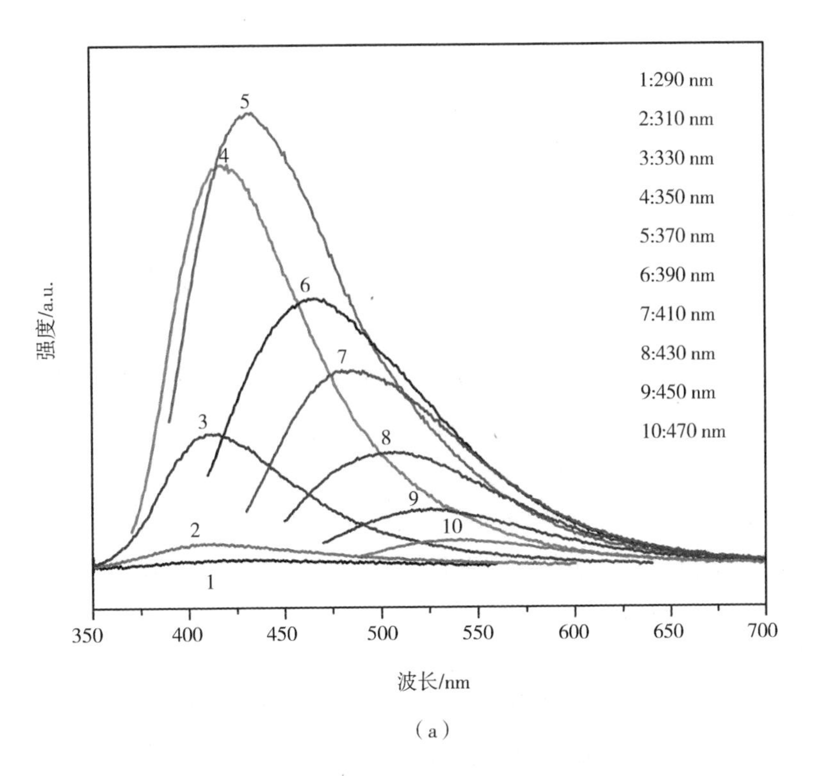

(a)

(b)　(c)

图 4 - 13　CDs@ JLG - 16 母液(a)在不同激发波长下的荧光光谱；(b)日光下的照片；(c)365 nm 激发下荧光的照片

值得注意的是,CDs@ JLG－16 复合材料可以体现出温度响应的光致发光行为,为其开启了在传感方面的应用渠道。当激发波长为 330 nm 时,CDs@ JLG－16复合材料的荧光强度随温度升高而下降,如图 4－14(a)所示。这主要是因为,在温度升高过程中,荧光基团的振动转动会被加快,非辐射跃迁过程相应增加,从而降低了荧光的强度。[36－37] 为了建立荧光强度和温度的关系,我们提取复合材料在 444 nm 处的荧光强度,建立其与温度的关系。CDs@ JLG－16 复合材料在不同温度下 444 nm 处的荧光强度曲线如图 4－14(b)所示。当温度从 223 K 增加到 333 K 时,其荧光强度相对降低值的对数与温度可以呈现近似的线性关系,如图 4－14(b)中的左侧插图所示。我们可以建立其线性方程为:

$$T = 293.88 + 40.02 \lg[(I_0 - I_t)/I_t]$$

这里,I_0是温度为 213 K 时的荧光强度,I_t是待测试温度下的荧光强度,T 是待测体系的温度(K)。这个线性关系表明了 CDs@ JLG－16 复合材料可以作为潜在的温度传感材料。为了评估 CDs@ JLG－16 复合材料用于温度传感的可循环利用性,我们在 273 K 及 333 K 的冷热循环中测试了 5 次,其荧光强度变化很小[如图 4－14(c)所示]。良好的荧光强度稳定性表明 CDs@ JLG－16 复合材料可循环利用。作为温度传感器,相比于水溶性碳点(通常其工作于 278 K 以上的温度)[38－40],CDs@ JLG－16 复合材料可以在低温(273 K 以下)工作,因此拓宽了碳点作为温度传感器的应用范围。

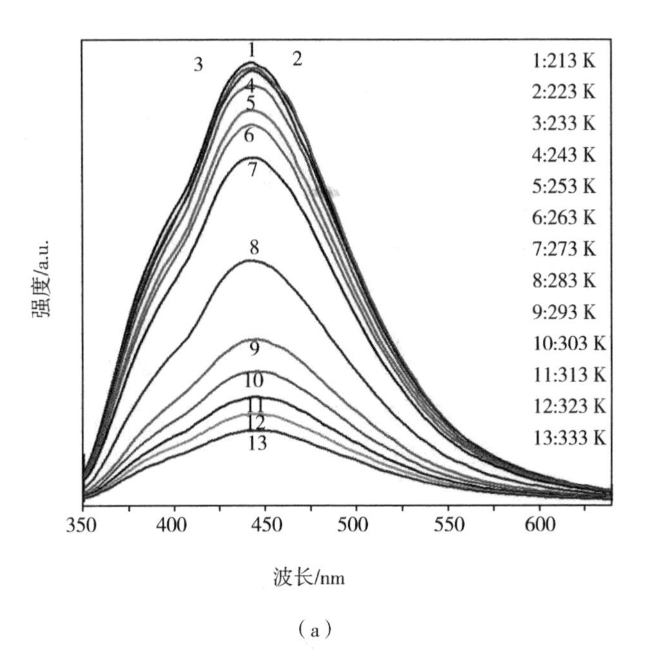
1
2
3
4
5
6
7
8
9
10
11
12
13
1:213 K
2:223 K
3:233 K
4:243 K
5:253 K
6:263 K
7:273 K
8:283 K
9:293 K
10:303 K
11:313 K
12:323 K
13:333 K
强度/a.u.
350
400
450
500
550
600
波长/nm

（a）

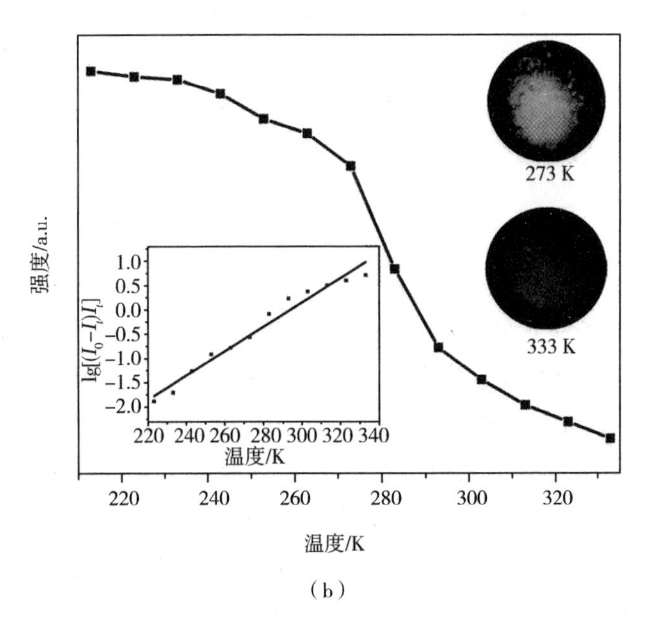
273 K
333 K
强度/a.u.
1.0
0.5
0.0
-0.5
-1.0
-1.5
-2.0
220 240 260 280 300 320 340
温度/K
220
240
260
280
300
320
温度/K

（b）

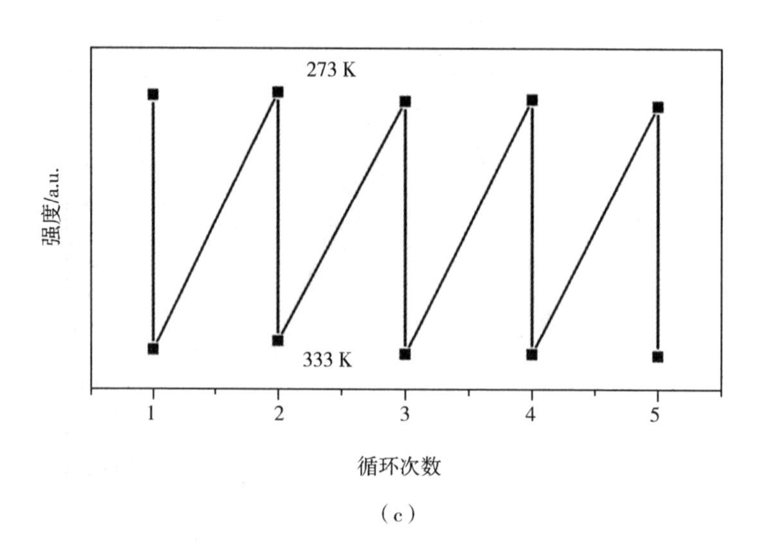

(c)

图 4-14 (a)CDs@JLG-16 复合材料温度响应的荧光光谱；(b)不同温度下荧光强度和温度间的关系(左侧插图为荧光强度的降低值的对数与温度的线性关系,右图为材料在不同温度 365 nm 激发下的照片)；(c)273 K 及 333 K 间可循环的荧光强度变化

4.4 本章小结

在溶剂热条件下,我们以 dien 为有机模板剂成功合成了一例新型的二维双层状锗酸盐开放骨架化合物 JLG-16。JLG-16 是由 Ge_7 簇以两种不同的连接方式(T^4 和 T^4P)构筑而成的,具有 16 元环和 10 元环孔道结构。在锗酸盐晶化过程中,均一分散的碳点被原位限域在 JLG-16 晶体中,使 CDs@JLG-16 复合材料展现出激发波长依赖的发光行为。CDs@JLG-16 复合材料同时具有温度响应的荧光性能,在 223 K 到 333 K 温度下,复合材料荧光强度相对降低值的对数与环境温度呈现近似于线性的变化,为其在温度传感方面的应用创造了可能。

参考文献

[1]K. E. Christensen. Design of open-framework germanates[J]. Crystallography Reviews, 2010, 16(2): 91 - 104.

[2]X. Ren, Y. Li, Q. Pan, et al. A crystalline germanate with mesoporous 30 - ring channels[J]. Journal of the American Chemical Society, 2009, 131(40): 14128 - 14129.

[3]K. E. Christensen, L. Shi, T. Conradsson, et al. Design of open-framework germanates by combining different building units[J]. Journal of the American Chemical Society, 2006, 128(44): 14238 - 14239.

[4]Q. Pan, J. Li, K. E. Christensen, et al. A germanate built from a $6^8 12^6$ cavity cotemplated by an $(H_2O)_{16}$ cluster and 2 - methylpiperazine[J]. Angewandte Chemie-International Edition, 2008, 47(41): 7868 - 7871.

[5]Q. Pan, J. Li, X. Ren, et al. $[Ni(1,2-PDA)_3]_2(HOCH_2CH_2CH_2NH_3)_3(H_3O)_2[Ge_7O_{14}X_3]_3$ (X = F, OH): A New 1D germanate with 12 - ring hexagonal tubular channels[J]. Chemistry of Materials, 2008, 20(2): 370 - 372.

[6]H. Li, M. Eddaoudi, D. A. Richardson, et al. Porous Germanates: Synthesis, Structure, and Inclusion Properties of $Ge_7O_{14.5}F_2 \cdot [(CH_3)_2NH_2]_3(H_2O)_{0.86}$[J]. Journal of the American Chemical Society, 1998, 120(33): 8567 - 8568.

[7]H. Li, O. M. Yaghi. Transformation of germanium dioxide to microporous germanate 4 - connected nets[J]. Journal of the American Chemical Society, 1998, 120(40): 10569 - 10570.

[8]L. A. Villaescusa, P. Lightfoot, R. E. Morris. Synthesis and structure of fluoride-containing GeO_2 analogues of zeolite double four-ring building units[J]. Chemical Communications, 2002, (19): 2220 - 2221.

[9]M. P. Attfield, Y. Al-Ebini, R. G. Pritchard, et al. Synthesis and characterization of a novel germanate material containing 16 - ring channels and templated by a simple primary amine[J]. Chemistry of Materials, 2007, 19(2):

316 -322.

[10]H. Li, M. Eddaoudi, O. M. Yaghi. An open-framework germanate with polycubane-like topology[J]. Angewandte Chemie International Edition, 1999, 38(5): 653 -655.

[11]X. H. Bu, P. Y. Feng, G. D. Stucky. Host-guest symmetry and charge matching in two germanates with intersecting three-dimensional channels[J]. Chemistry of Materials, 2000, 12(6): 1505 -1507.

[12]M. E. Medina, E. Gutierrez-Puebla, M. A. Monge, et al. A germanium zeotype with a three-dimensional net of interconnected 14 - , 12 - and 12 - ring channels. $Ge_{13}O_{26}(OH)_4[C_6N_2H_{16}]_2(H_2O)_{1.5}$[J]. Chemical Communications, 2004, (24): 2868 -2869.

[13]Y. Xu, L. Cheng, W. You. Hydrothermal synthesis and structural characterizations of two new germanates with a novel topological framework and unusual $Ge_4(OH)_4$ cubane[J]. Inorganic Chemistry, 2006, 45(19): 7705 -7708.

[14]M. O'keeffe, M. Eddaoudi, H. Li, et al. frameworks for extended solids: geometrical design principles[J]. Journal of Solid State Chemistry, 2000, 152(1): 3 -20.

[15]G. Férey. Building units design and scale chemistry[J]. Journal of Solid State Chemistry, 2000, 152(1): 37 -48.

[16]G. Férey, C. Mellot-Draznieks, T. Loiseau. Real, virtual and not yet discovered porous structures using scale chemistry and/or simulation. A tribute to Sten Andersson[J]. Solid State Sciences, 2003, 5(1): 79 -94.

[17]B. Guo, A. K. Inge, C. Bonneau, et al. Investigation of the GeO_2 -1,6 -diaminohexane-water-pyridine-HF phase diagram leading to the discovery of two novel layered germanates with extra-large rings[J]. Inorganic Chemistry, 2011, 50(1): 201 -207.

[18]J. Plévert, T. M. Gentz, T. L. Groy, et al. Layered structures constructed from new linkages of $Ge_7(O,OH,F)_{19}$ clusters[J]. Chemistry of Materials, 2003, 15(3): 714 -718.

[19]A. K. Inge, J. Sun, F. Moraga, et al. Three low-dimensional open-ger-

manates based on the 44 net [J]. Crystengcomm, 2012, 14(17): 5465-5471.

[20] S. Y. Lim, W. Shen, Z. Gao. Carbon quantum dots and their applications [J]. Chemical Society Reviews, 2015, 44(1): 362-381.

[21] S. N. Baker, G. A. Baker. Luminescent carbon nanodots: emergent nanolights [J]. Angewandte Chemie International Edition, 2010, 49(38): 6726-6744.

[22] L. Cao, X. Wang, M. J. Meziani, et al. Carbon dots for multiphoton bioimaging[J]. Journal of the American Chemical Society, 2007, 129(37): 11318-11319.

[23] Y. Mu, N. Wang, Z. Sun, et al. Carbogenic nanodots derived from organo-templated zeolites with modulated full-color luminescence[J]. Chemical Science, 2016, 7(6): 3564-3568.

[24] Y. Wang, Y. Li, Y. Yan, et al. Luminescent carbon dots in a new magnesium aluminophosphate zeolite[J]. Chemical Communications, 2013, 49(79): 9006-9008.

[25] Y. Xiu, Q. Gao, G. D. Li, et al. Preparation and tunable photoluminescence of carbogenic nanoparticles confined in a microporous magnesium-aluminophosphate[J]. Inorganic Chemistry, 2010, 49(13): 5859-5867.

[26] H. G. Baldovi, S. Valencia, M. Alvaro, et al. Highly fluorescent C-dots obtained by pyrolysis of quaternary ammonium ions trapped in all-silica ITQ-29 zeolite[J]. Nanoscale, 2015, 7(5): 1744-1752.

[27] J. Liu, N. Wang, Y. Yu, et al. Carbon dots in zeolites: a new class of thermally activated delayed fluorescence materials with ultralong lifetimes[J]. Sci Adv, 2017, 3(5): e1603171.

[28] T. Conradsson, X. D. Zou, M. S. Dadachov. Synthesis and crystal structure of a novel germanate: $(NH_4)(4)$ $(GeO_2)_3(GeO_{1.5}F_3)_2$ center dot $0.67H_2O$ [J]. Inorganic Chemistry, 2000, 39(8): 1716-1720.

[29] L. Pan, S. Sun, A. Zhang, et al. Truly fluorescent excitation-dependent carbon dots and their applications in multicolor cellular imaging and multidimen-

sional sensing[J]. Advanced Materials, 2015, 27(47): 7782 -7787.

[30]Z. Song, T. Lin, L. Lin, et al. Invisible security ink based on water-soluble graphitic carbon nitride quantum dots[J]. Angewandte Chemie International Edition, 2016, 55(8): 2773 -2777.

[31]H. Nie, M. Li, Q. Li, et al. Carbon dots with continuously tunable full-color emission and their application in ratiometric pH sensing[J]. Chemistry of Materials, 2014, 26(10): 3104 -3112.

[32]J. Tan, R. Zou, J. Zhang, et al. Large-scale synthesis of N - doped carbon quantum dots and their phosphorescence properties in a polyurethane matrix [J]. Nanoscale, 2016, 8(8): 4742 -4747.

[33]Y. Deng, D. Zhao, X. Chen, et al. Long lifetime pure organic phosphorescence based on water soluble carbon dots[J]. Chemical Communications, 2013, 49(51): 5751 -5753.

[34]K. Suzuki, L. Malfatti, D. Carboni, et al. Energy transfer induced by carbon quantum dots in porous zinc oxide nanocomposite films[J]. The Journal of Physical Chemistry C, 2015, 119(5): 2837 -2843.

[35]J. Zong, Y. Zhu, X. Yang, et al. Synthesis of photoluminescent carbogenic dots using mesoporous silica spheres as nanoreactors[J]. Chemical Communications, 2011, 47(2): 764 -766.

[36]W. Liu, S. Xu, Z. Li, et al. Layer-by-Layer assembly of carbon Dots-based ultrathin films with enhanced quantum yield and temperature sensing performance[J]. Chemistry of Materials, 2016, 28(15): 5426 -5431.

[37]P. Yu, X. Wen, Y. R. Toh, et al. Temperature-dependent fluorescence in carbon dots[J]. The Journal of Physical Chemistry C, 2012, 116(48): 25552 -25557.

[38]S. Kalytchuk, K. Polakova, Y. Wang, et al. Carbon dot nanothermometry: intracellular photoluminescence lifetime thermal sensing[J]. ACS Nano, 2017, 11(2): 1432 -1442.

[39]L. Wei, Y. H. Ma, X. Y. Shi, et al. Living cell intracellular temperature imaging with biocompatible dye-conjugated carbon dots[J]. Journal of Materi-

als Chemistry B, 2017, 5(18): 3383 - 3390.

[40] H. Wang, F. Ke, A. Mararenko, et al. Responsive polymer-fluorescent carbon nanoparticle hybrid nanogels for optical temperature sensing, near-infrared light-responsive drug release, and tumor cell imaging[J]. Nanoscale, 2014, 6(13): 7443 - 7452.

第 5 章

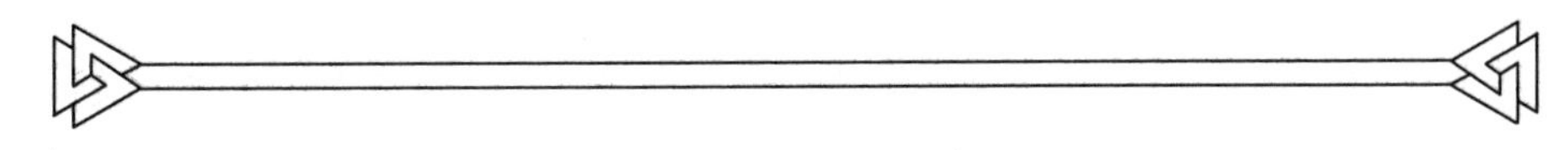

结论与展望

“量子点于分子筛中”的合成策略对设计开发长余辉发光材料与复合荧光材料提供了一种全新的思路。随着研究的发展,无机多孔材料已具有微孔、介孔、大孔等多变的孔道尺寸,硅酸盐、磷酸盐、金属 - 有机骨架材料等丰富的骨架组成,无机多孔材料多变的组成和结构给予复合材料开发以极大的选择空间。另外,碳点的种类繁多,多种调控其发光性能的方法相继被报道出来,为性能新颖的复合材料的开发提供了可能。因而,具有可调控长余辉发光特性的碳点@分子筛材料的合成是我们继续研究的目标。

碳点@无机微孔复合材料的应用领域也具有广阔的发展空间。除书中展示的防伪及温度传感领域外,具有长余辉发光性能的碳点@无机微孔复合材料在生物成像领域也展现出其潜力,它可以有效区分出生命体内荧光材料的自发荧光,去除背底的干扰。该类长余辉发光材料也有望用于太阳能电池领域,其长激发态寿命可以延长扩散距离,有助于提高太阳能电池效率。“量子点于分子筛中”的合成策略也将适用于其他的荧光纳米材料,多样的客体荧光材料和主体基质材料将会衍生出更多具有优异发光性能的复合材料。

此外,复合材料中无机主体材料与发光客体材料的相互作用机制仍不明确,我们期待新颖的表征手段和方法来详细揭示主客体相互作用与发光性能间的关系,并期望其指导材料的设计与合成。

附 表

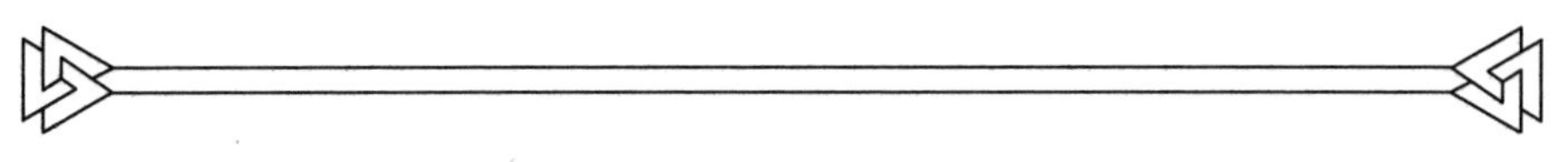

附表 1　CDs@2D－AlPO 的原子坐标（$\times 10^4$）
和等效各向同性位移参数（$Å^2 \times 10^3$）

参数	x	y	z	U(eq)
Al(1)	6387(1)	2732(1)	4633(1)	21(1)
Al(2)	1886(1)	2709(1)	4911(1)	22(1)
P(1)	9898(1)	2876(1)	6968(1)	24(1)
P(3)	4130(1)	3510(1)	4804(1)	25(1)
P(2)	4848(1)	2060(1)	6085(1)	20(1)
O(1)	11106(2)	2905(1)	6224(2)	38(1)
O(2)	10431(2)	2512(1)	8259(2)	48(1)
O(3)	8362(1)	2695(1)	5732(2)	36(1)
O(4)	5424(2)	2228(1)	4816(1)	28(1)
O(5)	3311(2)	2303(1)	5853(2)	40(1)
O(6)	6074(1)	2781(1)	2670(1)	32(1)
O(7)	5632(1)	3221(1)	5212(2)	30(1)
O(8)	2736(2)	3183(1)	4383(2)	37(1)
O(9)	9752(2)	3345(1)	7580(2)	44(1)
O(10)	4620(2)	1542(1)	6018(1)	31(1)
O(11)	4279(2)	3832(1)	6110(2)	38(1)
O(12)	3889(2)	3798(1)	3294(2)	38(1)
O(13)	7849(3)	71(1)	3777(3)	97(1)

续表

参数	x	y	z	U(eq)
Al(1)	6387(1)	2732(1)	4633(1)	21(1)
O(14)	8026(4)	354(1)	899(3)	134(2)
O(15)	8570(2)	870(1)	-2134(2)	60(1)
N(1)	7362(2)	-1185(1)	6876(2)	36(1)
N(2)	7562(2)	1128(1)	-6899(2)	48(1)
C(1)	7582(5)	-689(1)	6642(4)	95(1)
C(2)	7589(9)	-524(1)	5388(5)	223(3)
C(3)	7533(6)	-21(1)	5045(4)	153(2)
C(4)	6899(6)	-88(1)	2319(5)	140(3)
C(5)	7612(6)	-99(1)	1180(5)	116(2)
C(6)	7764(6)	464(2)	-473(4)	152(2)
C(7)	8280(4)	913(1)	-810(3)	74(1)
C(8)	9198(4)	1291(1)	-2484(3)	82(1)
C(9)	9203(3)	1265(1)	-4059(3)	70(1)
C(10)	7611(3)	1255(1)	-5336(3)	53(1)

续表

参数	x	y	z	U(eq)
O(18)	9352(1)	5085(5)	7259(1)	21(1)
O(19)	10000	6812(7)	7500	23(2)
O(20)	9773(1)	4496(5)	11628(1)	16(1)
O(21)	9405(1)	1960(5)	11873(1)	19(1)
O(22)	8706(1)	1979(5)	11186(1)	17(1)
O(23)	9480(1)	6842(5)	11143(1)	16(1)
O(24)	8506(1)	2023(5)	7962(1)	20(1)
O(25)	7707(1)	4896(6)	8110(2)	24(1)
O(26)	9258(1)	9779(5)	11175(2)	18(1)
O(27)	8363(1)	4860(5)	8491(1)	11(1)
O(28)	9031(1)	4785(5)	11327(1)	11(1)
O(29)	8680(1)	9860(5)	8673(2)	28(1)
N(1)	8057(2)	-232(8)	7321(2)	36(2)
N(2)	8026(2)	2076(8)	6696(2)	38(2)
N(3)	7764(2)	5270(7)	6663(2)	23(2)
C(1)	8309(2)	-322(10)	7029(3)	44(3)
C(2)	8149(2)	589(10)	6601(3)	41(2)
C(3)	7743(3)	2779(10)	6297(3)	46(3)

续表

参数	x	y	z	U(eq)
C(4)	7528(2)	3959(10)	6457(3)	41(3)
N(4)	9622(2)	-2496(11)	8637(3)	60(3)
N(5)	9422(6)	189(15)	8081(5)	217(9)
N(6)	9752(2)	2734(11)	8566(4)	87(4)
C(5)	9492(3)	-2503(16)	8155(4)	76(4)
C(6)	9279(4)	-1192(14)	7940(4)	89(5)
C(7)	9709(5)	1113(18)	7908(5)	146(6)
C(8)	9710(3)	2708(18)	8090(4)	89(5)
N(7)	8984(3)	2283(10)	-79(3)	79(3)
N(8)	8116(4)	140(20)	-116(6)	159(8)
N(9)	7436(4)	1155(19)	-83(10)	257(14)
C(9)	8561(5)	1740(20)	-149(5)	180(7)
C(10)	8511(5)	540(20)	-10(8)	162(9)
C(11)	7998(5)	10(20)	248(7)	154(8)
C(12)	7588(4)	-61(18)	132(7)	123(7)
O(1W)	9544(3)	6489(17)	9953(3)	163(5)
O(2W)	9991(4)	5898(18)	10014(4)	68(5)
O(3W)	9893(4)	9750(30)	5756(7)	170(10)
O(4W)	9548(5)	9590(30)	9956(6)	106(7)